种子学实训教程

主　编　魏雅冬
副主编　郭海滨　李　贺
　　　　任红梅　贾　森

哈尔滨工程大学出版社
Harbin Engineering University Press

内容简介

本书共分为6篇,内容包括种子识别技术实训、种子检验技术实训、种子化学成分的测定实训、种子生理活性物质检测实训、种子加工与贮藏实训和玉米种子综合实训,共44个实训项目。实训项目包括实训目的、实训原理、实训材料与仪器用具、实训方法与步骤、注意事项、实训报告及思考题等内容。

本书是编者在长期从事种子学实验教学与科研的基础上,借鉴国内外的相关成果编写而成的,可作为高等农业院校相关专业教材,也可供从事种子相关工作的技术人员参考。

图书在版编目(CIP)数据

种子学实训教程/魏雅冬主编. —哈尔滨:
哈尔滨工程大学出版社,2022.7
ISBN 978 – 7 – 5661 – 3440 – 0

Ⅰ.①种… Ⅱ.①魏… Ⅲ.①作物 – 种子 – 教材
Ⅳ.①S330

中国版本图书馆 CIP 数据核字(2022)第 095584 号

种子学实训教程
ZHONGZIXUE SHIXUN JIAOCHENG

选题策划 刘凯元
责任编辑 刘凯元
封面设计 李海波

出版发行 哈尔滨工程大学出版社
社　　址 哈尔滨市南岗区南通大街 145 号
邮政编码 150001
发行电话 0451 – 82519328
传　　真 0451 – 82519699
经　　销 新华书店
印　　刷 哈尔滨午阳印刷有限公司
开　　本 787 mm×1 092 mm　1/16
印　　张 11.5
字　　数 293 千字
版　　次 2022 年 7 月第 1 版
印　　次 2022 年 7 月第 1 次印刷
定　　价 43.00 元
http://www.hrbeupress.com
E-mail:heupress@ hrbeu.edu.cn

前　言

种子学实验是农学专业的必修课,内容涵盖种子形态构造观察、物理性测定、加工贮藏、净度分析、发芽实验、水分测定、生活力及种子活力测定等主要内容。其主要任务是培养学生的实践、思维和基本操作能力,为学生将来从事种子科学研究、种子检验及经营管理等工作奠定良好的专业技术基础。其中,种子加工贮藏技术和种子检验技术在现代农业生产中发挥着重要的作用,可以为高质量种子生产提供一定帮助。

为满足应用型人才培养的需求,编者在长期的教学、科研基础上,参考了大量相关文献和研究成果,编写了适合农学专业的种子学实训教材,力求做到内容新颖、全面、易于操作。本书分为六篇,共计44个实训项目,内容包括种子识别技术实训、种子检验技术实训、种子化学成分的测定实训、种子生理活性物质检测实训、种子加工与贮藏实训和玉米种子综合实训。本书可作为高等农业院校植物生产类相关专业本科生教材,也可供种子基层单位及种子检验技术人员学习参考。

本书是在绥化学院农业与水利工程学院农学专业教师共同努力下完成的。魏雅冬担任主编,郭海滨、李贺、任红梅、贾森担任副主编。本书具体分工如下:魏雅冬负责编写实训项目一至十一、二十二、二十七至三十八、四十三;郭海滨负责编写实训项目十二至十六、十九;李贺负责编写实训项目十七至十八、二十至二十一;任红梅负责编写实训项目二十三至二十六、三十九;贾森负责编写实训项目四十至四十二、四十四。全书由魏雅冬负责统稿校正。

本书内容力求与种子学理论课程内容相匹配,使之完整、系统,且具有切实可行的操作性,注重学生应用性与实践能力的培养。本书获得了绥化学院2021年度校本实践教材编写资助项目(XBJC202103)和2020年度黑龙江省高等教育教学改革研究项目(SJGY20200826)的资助,且得到多位专家学者的指导,在此表示感谢。

本书在编写过程中参考并引用的资料未能在书中全部标注,在此对原作者表示感谢。由于编者理论水平和实践经验有限,书中不足之处在所难免,敬请读者批评指正。

编　者

2022 年 2 月

目　　录

第一篇　种子识别技术实训

第二篇　种子检验技术实训

第三篇　种子化学成分的测定实训

第四篇 种子生理活性物质检测实训

第五篇 种子加工与贮藏实训

第六篇 玉米种子综合实训

第一篇　种子识别技术实训

实训项目一 种子形态构造和观察

一、实训目的

1. 认识主要农作物、蔬菜种子的外部形态特征及内部构造特点。
2. 了解主要农作物、蔬菜种子的类型。

二、实训原理

种子的形态构造是鉴别植物学上的种和作物品种的重要依据,同时与种子的清选、精选分级及安全贮藏有着密切的关系。种子的形态构造在品种和不同种间常存在着一定差异,因此很多性状可以作为植物品种和种鉴别的重要依据,如种子的颜色、大小、形状、表面的粗糙度,表皮上是否有茸毛,茸毛的稀疏和分布状况,胚和胚乳的位置,种脐的着生部位、形状、颜色、大小、凸凹等。此外,根据某些作物种皮的组织解剖特点也可对种子的真实性进行鉴定,如十字花科的不同种及品种之间、豌豆和大豆的品种间,其种皮细胞的形态有显著差异。同一科属的农作物种子,不仅形态上近似,而且在生理特性和化学成分方面也存在许多共同之处。因此在形态学上对种子进行分类,可充分体现农作物种子不同类型的共同特点,对种子的鉴定和使用具有一定的参考价值。

三、实训材料与仪器用具

1. 材料
农作物种子:水稻、小麦、大豆、玉米、蓖麻等主要农作物种子。
蔬菜种子:甘蓝、菜豆、菠菜、辣椒、胡萝卜等蔬菜种子。
2. 仪器用具
解剖镜、种子测微尺、放大镜、解剖针、单面刀片、游标卡尺、镊子、培养皿等。

四、实训方法与步骤

1. 种子外部形态观察
(1)安装解剖镜或放大镜,并做好调试。
(2)取主要作物的干种子或吸胀种子,仔细观察种子的外部形态特征。首先观察其籽粒外面是否有附属物,各类附属物的形状、位置和颜色;然后仔细观察有无果皮,在种皮、果皮上能看到哪些构造及各构造的形状、位置等。通过观察,分析各种外部形态的主要特性并拍照或绘制简图加以记载。
2. 种子内部构造观察
取吸胀软化的小麦、玉米等作物种子,用单面刀片沿胚部纵切,将种子一分为二。将充分吸胀的大豆或菜豆种子,用解剖针拨开种皮,分开两片子叶,由外向内观察切面果皮、种皮的质地和层次;是否有胚乳及其所占比例;胚的形状、位置和比例等;种胚所分化的各个

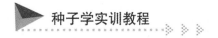

部分;并绘制简图标明各部分。

3.种胚类型的观察

观察各类种胚的类型,分别绘制种子纵剖面图,并用文字标明各部分。

(1)豆科种胚的观察

取充分吸胀的豆科种子,去掉种皮,掰开两片子叶,可观察到胚根、胚芽及子叶弯曲成钩状,为弯曲型胚。

(2)玉米等禾本科种胚的观察

取充分吸胀的玉米或小麦种子,沿胚部纵切后观察,可见胚体较小,胚体(偏生)斜生于种子背面,子叶盾状,为偏左型胚。

(3)蓖麻种胚的观察

去掉蓖麻种子种皮,与宽度平行进行纵切观察,可见整个胚体直生,其长度与种子纵轴平行,子叶扁而大,位于胚乳中央,为直立型胚。

(4)蔬菜种胚观察

剥去番茄或辣椒种子种皮,可见胚体瘦长,盘旋成螺旋状,胚体周围有胚乳,为螺旋型胚。

(5)甜菜种胚观察

剥去甜菜种子果皮和种皮,可见细长的胚在种皮内呈环状,子叶与胚根几乎相接,环的内侧是外胚乳,为环状型胚。

4.种子大小的测定

种子大小常用长度、宽度和厚度来表示。随机取各作物种子 10 粒,按照长度和宽度方向将种子逐粒排列在长宽度测量尺上,测量种子的长度、宽度和厚度。每种子的测量重复三次,求其平均数,以毫米表示种子的大小。

五、注意事项

对吸胀种子进行切剖时,注意切剖的部位,尽量保证所观察结构的完整性。

六、实训报告

1.绘制主要种子(大豆、玉米)的外部形态和内部构造图,并注明各部分名称。

2.列表写出主要作物种子的大小、形态、颜色、类型(农业生产上所属种子类型),能观察到的种被上的附属构造的名称。

七、思考题

1.种子的形态构造(种被上的附属构造)特点与胚珠类型有何相关性?

2.对种子的形态构造进行观察有何意义?

第二篇 种子检验技术实训

实训项目二　种子扦样

一、实训目的

1. 熟悉各种扦样器和分样器的构造、原理及使用方法。
2. 掌握散装、袋装和小容器(小包装)种子批的扦样方法。
3. 掌握扦样方法和步骤。

二、实训原理

种子检验是以判断和评价种子批的利用价值为目的的,但并不能用整个种子批来检验测定,而是要从中选取一定数量的种子为代表,这个过程就是扦样。扦样通常是利用一种专用的扦样器具,从散装或袋装种子批进行取样的工作。而扦取样品的数量与整批种子相比占比很小,因此扦取和分取的样品必须能够代表整批种子的质量,这样通过细致的分析检验才能获得一致和正确的结果。扦样时应遵循一定的原则,如种子批要均匀、扦样点要分布均匀、各扦样点取出的种子数量应基本一致及有合格扦样员等才能确保扦样的代表性。

扦样前,首先要根据种子的不同类别、各种子批的大小及种子的贮藏方式(散装或袋装)选用合适的扦样器具,从种子批中扦取符合数量的初次样品,然后将全部初次样品(确保一致性)混合制备成混合样品,再从混合样品中分取规定数量的送验样品,送到检验室。在检验室,再从送验样品中分取规定数量的试验样品,进行各个具体项目的测定。

三、实训材料与仪器用具

1. 材料
小麦、大豆、水稻或玉米等袋装或散装种子批、小包装种子批。
2. 仪器用具
横格式分样器、单管扦样器、圆锥形扦样器、长柄短筒扦样器、钟鼎分样器、天平、分样板、样品袋、样品瓶、封条等。

四、实训方法与步骤

(一)了解种子情况

为确保扦样的正确性和代表性,扦样前需要向相关人员了解种子的基本情况,内容包括种子的品种名称、产地、来源及种子数量;种子入库时间和入库前的加工处理方式;贮藏期间的温湿度管理,是否发生了虫霉污染、结露和发热等异常现象等,作为划分种子批和扦样时的重要参考。

(二)划分种子批

种子批必须是同一品种、同一来源、同一年度和同一时期收获的,质量要求基本一致,并在规定数量范围内的种子。只有满足以上条件才能划分为一个种子批。表2-1规定了主要农作物种子批的最大质量和样品最小质量。超过此限量,应另划种子批。

表2-1 主要农作物种子批的最大质量和样品最小质量

种(变种)名	种子批的最大质量/kg	样品最小质量/g		
		送验样品	净度分析实验	其他植物种子计数试样
玉米	40 000	1 000	900	1 000
大豆	25 000	1 000	500	1 000
水稻	25 000	400	40	400
小麦	25 000	1 000	120	1 000
大麦	25 000	1 000	120	1 000
花生	25 000	1 000	1 000	1 000
棉花	25 000	1 000	350	1 000
甜菜	20 000	500	50	500

注:引自《农作物种子检验规程》GB/T 3543.2—1995。

(三)扦取初次样品

初次样品是指从种子批中第一次扦取所获得的一部分种子。

1.袋装种子批扦样方法

(1)扦样袋数的确定

对于数量较少的种子批(容量为15~100 kg的包装),可根据表2-2确定种子批的容器数。如果种子包装小于15 kg,则要以100 kg作为基本单位,将小容器合并组成基本单位,例如25个4 kg的容器、33个3 kg的容器、100个1 kg的容器,合并后再按表2-2的标准确定扦样数量。

表2-2 袋(容器)装种子批的最低扦样数量

我国国家标准		国际标准	
种子批袋数(容器数)	扦取的最低袋数(容器数)	种子批袋数(容器数)	扦取的最低袋数(容器数)
1~5	每袋都扦取,至少扦取5个初次样品	1~4	每个容器扦取3个初次样品
6~14	不少于5袋	5~8	每个容器扦取2个初次样品

表 2 - 2(续)

我国国家标准		国际标准	
种子批袋数（容器数）	扦取的最低袋数（容器数）	种子批袋数（容器数）	扦取的最低袋数（容器数）
15 ~ 30	每 3 袋至少扦取 1 袋	9 ~ 15	每个容器扦取1 个初次样品
31 ~ 49	不少于 10 袋	16 ~ 30	扦取 15 个初次样品
50 ~ 400	每 5 袋至少扦取 1 袋	31 ~ 59	扦取 20 个初次样品
401 ~ 560	不少于 80 袋	60 以上	扦取 30 个初次样品
561 以上	每 7 袋至少扦取 1 袋		

（2）扦样点的设置

若袋装（或容器）种子堆垛存放，则堆垛的上、中、下各个部分应均匀分布扦样点，形成波浪形。如果不是堆垛存放，则要每隔一定袋数设置扦样点，确保平均分配。扦样点在种子堆各部位分布如图 2 - 1 所示。

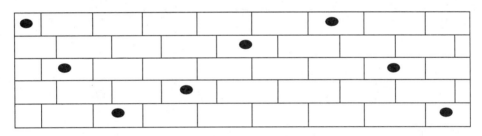

图 2 - 1 扦样点在种子堆各部位分布图

（3）扦取初次样品

根据种子的形状和大小，选用不同的袋装扦样器。

对于中小粒种子，通常选用单管扦样器。具体操作为：右手握住扦样器手柄，将扦样器凹槽向下自袋口一角向斜对角插入，待扦样器全部插入后，再将凹槽慢慢转向上，种子即落入扦样孔内，然后减速抽出扦样器，即可获得初次样品，最后将麻袋扦孔拨好。

大粒种子选用双管扦样器。具体操作为：先将袋口一角拆开，扦样器孔口以关闭状态且孔口朝上插入袋中，然后旋转外管将孔口打开，种子落入扦样孔后，再旋转外管关闭孔口，抽出袋外。扦样后形成的孔洞，可用扦样器尖端拨几下，使麻线合并在一起，密封纸袋可用粘布粘贴。

对于带有稃壳、不易自由移动的种子（棉花、花生等）最好用徒手扦样法。

2. 散装种子批扦样方法

散装种子批一般指质量大于 100 kg 的散包种子或散装种子。

（1）确定扦样点数

扦样点数要根据散装种子批的质量来确定，具体扦样点数见表 2 - 3。

（2）设置扦样点

严格划分种子批,按照扦样点数在种子批内均匀进行设点。一般扦样点要均匀分布在散装种子批的表面,确保四角各点要距仓壁50 cm以上。

（3）按堆高分层

种子堆高不足2 m时,分上、下两层即可。当堆高为2~3 m时,则须分为上、中、下3个层次。上层在距顶部10~20 cm处,中层在种子堆中心,下层距底部5~10 cm处。堆高3 m以上时须再加一层。

（4）扦取初次样品

散装种子常选用圆锥形扦样器和长柄短筒扦样器。具体操作为:关闭进种门,扦样器以30°斜插入种子堆内至一定深度后,向上拉动并略微震动,种子即落入孔内,然后关闭孔口抽出扦样器。

为了确保扦样的准确性,散装种子要特别注意扦样的顺序,要根据扦样点的位置,按照一定的次序进行扦样。一般先扦取上层,然后扦取中层,最后扦取下层,同时要确保每个部位扦取的种子数量大体相等。散装或大于100 kg容器的种子批的最低扦样频率见表2－3。

表2－3 散装或大于100 kg容器的种子批的最低扦样频率

国家标准		国际标准	
种子批大小/kg	扦样点数	种子批大小/kg	扦取初次样品的数目
50以下	不少于3点	500以下	少于5个初次样品
51~1 500	不少于5点	501~3 000	每300 kg扦取1个初次样品,但不得少于5个
1 501~3 000	每300 kg至少扦取1点		
3 001~5 000	不少于10点	3 001~20 000	500 kg扦取1个初次样品,但不得少于10个
5 001~20 000	每500 kg至少扦取1点	20 001以上	每700 kg扦取1个初次样品,但不得少于40个
20 001~28 000	不少于40点		
28 001~40 000	每700 kg至少扦取1点		

3.圆仓(或围囤)种子扦样方法

圆仓(或围囤)种子所占面积较小,一般不须分区。扦样点要按照圆仓(或围屯)的直径进行设置,通常在外、中、内3处设点。外点一般在距圆仓边缘30 cm处,中点在圆仓半径的1/2处,内点设在圆仓中心。

扦样时在圆仓的一条直径线上按照上述部位设外、中、内3个点,再在与此直径垂直的另一条直径上设置2个中点(图2－2),共计设置5个点。当圆仓(或围囤)的直径超过7 m时,则必须再增设2个点。扦样方法与散装种子相同,也要划分一定的层次并按顺

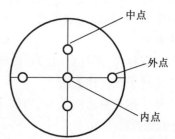

图2－2 圆仓(或围囤)种子设置的扦样点图

序进行扦样。

（四）配制混合样品

从各个扦样点扦取的所有初次样品充分混合在一起即可得到混合样品。如果在扦样前没有对种子批内的种子进行异质性测定，则暂不要配制成混合样品。需要按照以下方式操作：初次样品扦取后，应首先将各个扦样点的样品分别倒在样品容器内或一张白纸上，然后仔细检查并核对各指标，包括样品的颜色、气味、光泽、净度、纯度、水分及产品质量等，比较是否存在显著不同。如果初次样品间无显著差异，则可以混合成为混合样品。如果对各初次样品质量的一致性产生怀疑，则需要立即进行异质性检验，根据检测结果决定是否扦样。

（五）分取送验样品

送验样品是指送达检验室的样品，可以是整个混合样品或是从中分取的一个次级样品。不同的检测项目，送验样品的数量也不同，具体可参照《农作物种子检验规程》GB/T 3543.2—1995。

1. 用钟鼎式分样器分取送验样品

使用前应摇晃分样器，将分样器和盛种罐清理干净，不能有残余的其他种子；然后再检查两个盛种罐所盛放的种子是否大体相等，一般要求两者质量之差不大于种子质量的5%。具体操作如下：

（1）将初次样品充分混合

将混合样品倒入分样器漏斗，使种子全部迅速落入两个盛种罐，然后重复这个操作，即将全部样品再次混合后全部通过分样器，这个操作一般需要重复2~3次。

（2）送验样品分取

混合样品经过充分混匀后，再继续按照上述操作将混合样品分为体积大体相等的两部分，每次去掉一半样品，直到取得大约不少于送验样品所需的种子数量为止。如果最后一次所得的一半不够此数，应当使用另一部分的种子凑到所需数量。

2. 四分法

在清洁光滑的桌面上均匀地铺满种子，并将其摊成正方形，注意种子的厚度要适宜。一般情况下，小粒种子的厚度3 cm以内为宜，中粒种子的厚度不宜超过5 cm，大粒种子可以稍厚些，但也不应超过10 cm。

沿对角线用分样板将摊好的种子分成四个三角形，然后慢慢取出对顶的两个三角形的种子装入容器中，将余下两个对顶三角形的种子再次混合，继续重复如前操作分取样品至略多于送验样品的数量为止。

（六）送验样品的标记、封装及发送

为了方便溯源，送验样品须与最初的种子批建立紧密联系，所以必须将每一份样品做好标记，在送验样品中放入写明"批"次的标签。同时送验样品的包装要有一份扦样单（表2-4），表内逐项填入必要的说明。样品应由扦样机构立即送往相应种子检验站。

表2-4　种子扦样单

样品编号		作物名称		品种名称		
质量等级		注册商标		型号规格		
生产年度		生产日期(种子批号)		扦样方式		
种子批重/g		包装及其件数		样品质量/g		
种子批化学处理说明		质量指标	纯度/%	净度/%	发芽率/%	水分/%
检验项目	检验依据		判定依据			
扦样地点						
被扦单位	名称		电话			
	地址		邮编			
	经营许可证号		法人代表			
生产单位	名称		电话			
	地址		邮编			
	生产许可证号		法人代表			
备注						

被扦单位法人代表或授权人：

被扦单位公章：
　　　　　　　　　　　　年　月　日

扦样员：

扦样单位公章：
　　　　　　　　　　　　年　月　日

五、注意事项

1.扦样过程中,应避免扦样器损伤种子,否则会破坏种子样品原有的质量和品质,从而影响样品的代表性。扦样结束后应立即修补被扦样器破坏的部位。

2.避免扦样器受潮生锈,不用时可用油类加以保护。

3.在扦样初次样品的过程中,扦样员要特别注意观察初次样品是否存在异质性。

4.扦样时要遵循相应原则,确保扦样的代表性。扦样时力求均匀,并在一条线上,切勿用力弯曲。

5.根据送验样品的测定项目不同,选择合适的包装材料,以免影响测定结果。

六、思考题

1.试述扦样的主要步骤及注意事项。

2.试述常用袋装和散装扦样器的优缺点。

3.试述常用分样器的使用方法及注意事项。

实训项目三　种子净度分析

一、实训目的

1. 熟悉种子净度分析的基本程序及净度分析方法。
2. 熟练掌握净度分析实验数据的处理。
3. 掌握净种子、其他植物种子及杂质的判定标准。

二、实训原理

种子净度是指种子清洁干净的程度,是衡量种子播种质量的指标之一。国际种子检验规程中规定使用快速法测定种子的净度,即将试验样品分成三种成分,分别为净种子、其他植物种子和杂质,并测定各成分的百分率。

净度分析结果有一定的应用价值。通过净度分析测定,可知种子批中净种子的百分比,凡低于规定数目标准的,一律不准用于播种,更不允许在市场上流通;净度分析得到的净种子可直接用于测定其他项目,如发芽率、生活力、千粒重等;通过了解其他植物种子的种类和数量,可决定种子批是否可被利用;杂质的类型和数量可作为种子清选、精选及其他加工方式的重要参考,从而确保种子安全贮藏。所以,种子净度分析被认为是种子检验的重要项目之一,对指导现代农业生产具有一定的意义。

三、实训材料与仪器用具

1. 材料

水稻种子(玉米种子或大豆种子)送验样品一份,送验样品数量要符合项目测定标准要求。

2. 仪器用具

净度分析操作台、分样器、分样板、套筛、感量天平、镊子、小碟或小盘、小刮板、搪瓷盘、放大镜、小毛刷等。

四、实训方法与步骤

1. 送验样品的称重和重型混杂物的检查

送验样品的质量一般为净度分析所要求试样质量的 10 倍以上。体积和质量明显大于所分析种子的杂质,称为重型混杂物。

(1)将送验样品用感量天平进行称重,质量计为 M。

(2)在光滑的搪瓷盘中倒入送验样品,人工拣出或过筛挑出重型混杂物并称重,质量计为 m,并从中挑出其他植物种子和杂质,质量分别计为 m_1 和 m_2, $m_1 + m_2 = m$。样品的称量精度见表 3 – 1。

表 3 – 1　样品的称量精度

样品重/g	保留小数位数	样品重/g	保留小数位数
1.000 0 以下	4	1.000 ~ 9.999	3
10.00 ~ 99.99	2	100.0 ~ 999.9	1
1 000 或以上	0		

2. 试验样品的分取

挑出重型混杂物后,从送验样品中分取试验样品,净度分析的试验样品质量要求不少于 2 500 个种子单位。若样品量太大则分析费时,太小就会缺乏代表性。由于每种作物的不同品种之间籽粒差异很大,因此每种作物都有规定的试样最低质量,具体可参照《农作物种子检验规程》GB/T 3543—1995。可用规定质量的 2 份半试样或 1 份全试样作净度分析。送验样品要充分混匀,用四分法或分样器分取半试样两份或全试样一份,最后用适合的感量天平称重,小数位数的保留按照表 3 – 1 的要求。

3. 试验样品的分离与分析

将称重的试验样品进行分离(以 2 份半试样为例),每份半试样分成净种子、其他植物种子和杂质三种成分。为了提高分离效率,可借助电动筛选机。

(1)选用筛孔适当的大小孔套用的两层套筛,大孔筛(孔径大于所分析的种子)在上层,小孔筛(孔径小于所分析的种子)在下层,最下面放上底盒。倒入第一份半试样,加盖,置于电动筛选机上筛动 2 min,然后将底盒和两层筛上的试验样品分别倒在净度分析台上,区分出净种子、其他植物种子和杂质三种成分。分析时可借助放大镜等工具。

(2)试验样品各成分的分析

要将所分析样品种子的形态学特征、种子标本等作为主要参考,必须对样品中的各个种子单位进行仔细观察分析,当不同植物种子之间区别困难或不可能区别时,则填报属名,该属名的全部种子均为净种子,并附加说明。

种皮或果皮没有明显损伤的种子单位,即使是没有充分成熟的、发过芽的或皱缩的种子,均列为净种子或其他植物种子;若种皮或果皮有破损,留下的种子单位超过原来大小的一半,则列为净种子或其他植物种子,小于原来的一半则列为杂质;种皮完全脱落的种子单位也列为杂质。如不能迅速做出决定,则将种子列为净种子或其他植物种子。

(3)第二份半试样的分离操作与第一份相同。

4. 各成分的称重

将每份半试样或全试样的净种子、其他植物种子和杂质分别进行称重,其称量精确度同表 3 – 1 的要求。特别注意,若其他植物种子有不同种类,则应分类计数。

5. 结果计算与处理

(1)检查分析过程的质量增失

核查每份半试样或全试样的各成分质量之和与样品原来的质量之差是否超过试样原重的 5%,若不超过则可进行下一步;若超过 5%,则必须重做试样,并填报重做试样的结果。

(2)计算半试样或全试样中净种子的百分率(P)、其他植物种子的百分率(OS)及杂质的百分率(I)。

第一份半试样或全试样:

$$P_1 = (净种子质量/各成分质量之和) \times 100\%$$
$$OS_1 = (其他植物种子质量/各成分质量之和) \times 100\%$$
$$I_1 = (杂质质量/各成分质量之和) \times 100\%$$

第二份半试样或全试样的计算方法同上。

注意:若是半试样,则百分率结果保留 2 位小数;若是全试样,则百分率结果保留 1 位小数。

(3)核对容许差距

一般情况下,只核对净种子的容许差距。求出两份半试样或全试样间净种子百分率的平均值及差值,即可按照表 3 - 2 核对容许差距。

查表时要注意,分析的是半试样还是全试样,种子是否有稃壳。

表 3 - 2　同一实验室内同一送验样品净度分析的容许差距(5%显著水平的两尾测验)

两次分析结果平均种子净度百分率/%		不同测定之间容许差距/%			
		半试样		试样	
50 以上	50 以下	无稃壳种子	有稃壳种子	无稃壳种子	有稃壳种子
99.95 ~ 100.00	0.00 ~ 0.04	0.20	0.23	0.1	0.2
99.90 ~ 99.94	0.05 ~ 0.09	0.33	0.34	0.2	0.2
99.85 ~ 99.89	0.10 ~ 0.14	0.40	0.42	0.3	0.3
99.80 ~ 99.84	0.15 ~ 0.19	0.47	0.49	0.3	0.4
99.75 ~ 99.79	0.20 ~ 0.24	0.51	0.55	0.4	0.4
99.70 ~ 99.74	0.25 ~ 0.29	0.55	0.59	0.4	0.4
99.65 ~ 99.69	0.30 ~ 0.34	0.61	0.65	0.4	0.5
99.60 ~ 99.64	0.35 ~ 0.39	0.65	0.69	0.5	0.5
99.55 ~ 99.59	0.40 ~ 0.44	0.68	0.74	0.5	0.5
99.50 ~ 99.54	0.45 ~ 0.49	0.72	0.76	0.5	0.5
99.40 ~ 99.49	0.50 ~ 0.59	0.76	0.80	0.5	0.6
99.30 ~ 99.39	0.60 ~ 0.69	0.83	0.89	0.6	0.6
99.20 ~ 99.29	0.70 ~ 0.79	0.89	0.95	0.6	0.7
99.10 ~ 99.19	0.80 ~ 0.89	0.95	1.00	0.7	0.7
99.00 ~ 99.09	0.90 ~ 0.99	1.00	1.06	0.7	0.8
98.75 ~ 98.99	1.00 ~ 1.24	1.07	1.15	0.8	0.8
98.50 ~ 98.74	1.25 ~ 1.49	1.19	1.26	0.8	0.9
98.25 ~ 98.49	1.50 ~ 1.74	1.29	1.37	0.9	1.0
98.00 ~ 98.24	1.75 ~ 1.99	1.37	1.47	1.0	1.0
97.75 ~ 97.99	2.00 ~ 2.24	1.44	1.51	1.0	1.1

表 3 – 2（续）

两次分析结果平均种子净度百分率/%		不同测定之间容许差距/%			
		半试样		试样	
50 以上	50 以下	无稃壳种子	有稃壳种子	无稃壳种子	有稃壳种子
97.50 ~ 97.74	2.25 ~ 2.49	1.53	1.63	1.1	1.2
97.25 ~ 97.49	2.50 ~ 2.74	1.60	1.70	1.1	1.2
97.00 ~ 97.24	2.75 ~ 2.99	1.67	1.78	1.2	1.3
96.50 ~ 96.99	3.00 ~ 3.49	1.77	1.88	1.3	1.3
96.00 ~ 96.49	3.50 ~ 3.99	1.88	1.99	1.3	1.4
95.50 ~ 95.99	4.00 ~ 4.49	1.99	2.12	1.4	1.5
95.00 ~ 95.49	4.50 ~ 4.99	2.09	2.22	1.5	1.6
94.00 ~ 94.99	5.00 ~ 5.99	2.25	2.38	1.6	1.7
93.00 ~ 93.99	6.00 ~ 6.99	2.43	2.56	1.7	1.8
92.00 ~ 92.99	7.00 ~ 7.99	2.59	2.73	1.8	1.9
91.00 ~ 91.99	8.00 ~ 8.99	2.74	2.90	1.9	2.1
90.00 ~ 90.99	9.00 ~ 9.99	2.88	3.04	2.0	2.2
88.00 ~ 89.99	10.00 ~ 11.99	3.08	3.25	2.2	2.3
86.00 ~ 87.99	12.00 ~ 13.99	3.31	3.49	2.3	2.5
84.00 ~ 85.99	14.00 ~ 15.99	3.52	3.71	2.5	2.6
82.00 ~ 83.99	16.00 ~ 17.99	3.69	3.90	2.6	2.8
80.00 ~ 81.99	18.00 ~ 19.99	3.86	4.07	2.7	2.9
78.00 ~ 79.99	20.00 ~ 21.99	4.00	4.23	2.8	3.0
76.00 ~ 77.99	22.00 ~ 23.99	4.14	4.37	2.9	3.1
74.00 ~ 75.99	24.00 ~ 25.99	4.26	4.50	3.0	3.2
72.00 ~ 73.99	26.00 ~ 27.99	4.37	4.61	3.1	3.3
70.00 ~ 71.99	28.00 ~ 29.99	4.47	4.71	3.2	3.3
65.00 ~ 69.99	30.00 ~ 34.99	4.61	4.86	3.3	3.4
60.00 ~ 64.99	35.00 ~ 39.99	4.77	5.02	3.4	3.6
50.00 ~ 59.99	40.00 ~ 49.99	4.89	5.16	3.5	3.7

注：引自《农作物种子检验规程 净度分析》GB/T 3543.3—1995。

　　若两份半试样和全试样的净种子百分率差值在容许差距范围内，则可计算其他植物种子和杂质的平均值。如实际差距超过容许范围，先检查前面的所有计算环节是否有差错，如果没有，则需要重新分析成对样品，直到一对数值在容许范围内为止，但全部分析一般不超过四对。

（4）含重型混杂物样品的最后结果换算

净种子质量百分率 $P_2 = P_1 \times (M - m)/M \times 100\%$

其他植物种子质量百分率 $OS_2 = OS_1 \times (M - m)/M + m_1/M \times 100\%$

杂质质量百分率 $I_2 = I_1 \times (M - m)/M + m_2/M \times 100\%$

式中　M——送验样品质量，g；

　　　m——重型混杂物的质量，g；

　　　m_1——重型混杂物中其他植物种子的质量，g；

　　　m_2——重型混杂物中杂质的质量，g；

　　　P_1、OS_1 和 I_1——除去重型杂物后两份试样或半试样样品的净种子、其他植物种子及杂质的各平均百分率；

　　　P_2、OS_2 和 I_2——最后的净种子、其他植物种子及杂质的各平均百分率。

（5）修约

净度分析最后结果修约为保留 1 位小数，且要求净种子、其他植物种子和杂质的百分率加和为 100.0%；如果结果为 100.1% 或 99.9%，则分别在净种子的百分率上减去或增加 0.1%；若修约值不是 0.1%，则需要检查是否有计算差错。

6. 填报结果报告单

净度分析的最后结果精确到 0.1%，若某种成分的百分率小于 0.05%，则填报"微量"，如果某种成分结果为零，则须填报"－0.0－"。净度分析结果记载表和报告单分别见表 3 － 3 和表 3 － 4。

五、注意事项

1. 种子检验中所说的种子就是种子单位，净种子描述定义是描述不同的种子单位。

2. 计算各成分百分率时，分母为各种成分的质量之和，而非试样的原始质量。

3. 要准确称量各成分，严防轻杂质丢失而影响检测结果。

六、实训报告

针对所测种子的净度分析，完成下列净度分析结果记载表和净度分析结果报告单，见表 3 － 3 和表 3 － 4。

表 3 － 3　净度分析结果记载表

重型混杂物检查：M（送验样品）＝　　　（g）；m（重型混杂物）＝　　　（g）；m_1＝　　　（g）；m_2＝　　　（g）

项目		净种子	其他植物种子	杂质	质量合计	样品原重	质量差值百分率
第一份（半）试样	质量(g)						
	百分率(%)						
第二份（半）试样	质量(g)						
	百分率(%)						
百分率样间差值							
平均百分率							

表 3-4 净度分析结果报告单   样品编号_____

作物名称：   学名：

成分	净种子	其他植物种子	杂质
百分率			
其他植物种子名称及数目或 每千克含量(注明学名)			
备注			

七、思考题

1. 对于种子净度分析的实验数据是如何分析和处理的？
2. 净度分析应该注意哪些问题？

实训项目四 种子标准发芽实验

一、实训目的

1. 了解主要农作物种子发芽所需的基本条件。
2. 掌握种子标准发芽实验的基本操作程序和结果数据处理。
3. 了解常见农作物幼苗的主要构造及其幼苗鉴定标准。

二、实训原理

种子发芽率是衡量种子播种质量的重要指标,也是规定的必检项目之一。种子发芽能力的大小通常用发芽率和发芽势来表示:发芽率是发芽实验末期发芽种子数占实验种子数的百分率;发芽势是实验中期发芽种子数占实验种子数的百分率。在种子贮藏期间、播种前及调运等过程中通常要做发芽实验,以便了解种子贮藏条件的好坏、计算播种量及为按质论价提供一定的依据,可见,发芽实验对农业生产具有重要意义。

种子能否发芽除了自身要达到生理成熟并通过休眠期外,还需要有适宜的水分、温度、氧气及光照等外界环境条件,这样才能获得准确、可靠的种子发芽实验结果。

三、实训材料与仪器用具

1. 材料

水稻、小麦、玉米和大豆等主要农作物种子。

2. 仪器用具

种子发芽室或光照发芽箱、电子自动数粒仪、恒温干燥箱、发芽盒、吸水纸、镊子、温度计(0～100 ℃)、烧杯(200 mL)、标签纸、滴瓶等。

四、实训方法与步骤

1. 发芽床的准备与选择

发芽床是发芽实验中放置种子并能提供一定水分和支撑幼苗生长的介质。发芽床有纸床、砂床、土壤床等类型,这里只介绍纸床和砂床的制备。

(1)纸床制备

在发芽盒内放入两层吸水纸或滤纸(pH 值一般为 6.0～7.5),铺平后加水至饱和即可。滤纸或吸水纸的质地要好、清洁干净、无菌无毒、有较好的吸水保水性,且要有一定的强度。

(2)砂床制备

砂床的材料一般为细砂或清水砂(无化学污染),用孔径为 0.05～0.8 mm 的土壤筛过筛处理并洗涤,然后放入搪瓷盘内摊薄,在 120～140 ℃高温下烘 3 h 以上进行高温消毒。

(3)发芽床的选择

玉米、大豆等大粒种子常选用砂床或纸床,中、小粒种子选用纸床或砂床均可,具体可参考表4－1。

表4－1　主要农作物种子发芽技术规定

（引自 GB/T 3543.4—1995）

种（变种）名	发芽床	温度/℃	初次计数天数/d	末次计数天数/d	附加说明
水稻	TP；BP；S	20～30；25	5	14	预先加热（50 ℃），在水中或 HNO_3 溶液中浸 24 h
玉米	BP；S	20～30；25；20	4	7	
大豆	BP；S	20～30；25	5	8	
小麦	TP；BP；S	20	4	8	预先加热（30～35 ℃）；预先冷冻；添加赤霉素 GA_3
大麦	BP；S	20	4	7	预先加热（30～35 ℃）；预先冷冻；添加赤霉素
油菜	TP	15～25；20	5	7	预先冷冻
花生	BP；S	20～30；25	5	10	去壳；预先加热（40 ℃）

注：TP 表示纸上；BP 表示纸间；S 表示砂中。

2. 试验样品的数取

用电子自动数种仪或手工从净种子中随机取 400 粒种子。中、小粒种子做 4 次重复，每 100 粒为一个重复组；大粒种子可以做 8 次重复，每 50 粒为一组；特别品种的大粒种子也可以 25 粒为一组，做 16 次重复。

3. 种子置床

为确保发芽整齐，置种前要检查各重复实验的发芽床含水量是否一致。将样品种子均匀摆在吸水纸上，然后盖上盖子或用保鲜膜（打有小孔）覆盖在发芽盒的上面。注意各粒种子间要留有至少 2 倍种子体积大小的空间距离，以保证幼苗的生长空间，同时也可减少霉菌的大面积感染。为了避免发芽期间产生发霉现象，也可在种子置床前用高锰酸钾、福尔马林等对种子进行消毒处理。

若实验为砂床，则应将种子轻轻压入砂中，使之与砂相平，然后盖上盖子。

4. 贴标签

在发芽盒或培养皿侧面贴上标签，写上小组名称、置床时间、重复次数等信息，并记载在原始数据记录本上。

5. 入箱培养

将制备好的发芽实验各组的发芽盒放入人工气候箱或发芽箱内，按照表4－1调试不同种子发芽所需的最适温度，同时要保证发芽箱内湿度在 60%～70%。

6. 检查管理

从种子入箱培养的第 2 天起，每天应对发芽实验进行检查，尤其要注意发芽床的水分和发芽箱的温度。若发现发芽床缺水，可用喷壶或滴管适量补水至饱和即可，水分不能补加太多，否则种子会漂浮或霉烂；发芽箱的温度允许在最适温度 1 ℃ 内略有浮动。

检查种子的通气情况,每次补水即可增加氧气的供应,还可通过增加揭开发芽盒盖的次数来增加氧气。

若发现有发霉的种子,则应立即取出并洗涤,再放回原处;若种子已经腐烂,则取出后直接记载其数目;如果发霉种子数量占比达到5%以上,则须更换发芽床。

7. 观察与记载

不同作物的种子按照表4-1所示分别在发芽实验的中期(初次计数)和末期(末次计数)进行形态观察和数据记载。结合不同作物幼苗的形态特征,按照正常幼苗和不正常幼苗的鉴定标准逐一进行观察。在实验中期,将符合鉴定标准的正常幼苗及腐烂的种子取出并计数,其他情况的种子和幼苗继续培养。实验末期计数时,要将每株幼苗分别取出,仔细观察其根系、幼苗中轴、子叶和芽鞘等构造,按照相应鉴定标准,区分正常幼苗和不正常幼苗并计数,同时将新鲜不发芽、硬实及腐烂霉变等死种子也分别计数。

注意表4-1中所述天数是以置床后24 h为1 d推算,且不包括种子预处理的时间。如果到规定的结束时间多数种子未萌发,可酌情延长实验时间,但最长不超过一周,同时增加观察记载的次数;若确定某试验样品发芽率已达到最高,实验也可提前结束,在检验结果报告中写明发芽实验所用的实际天数即可。

8. 结果计算与核对容许差距

实验结果以百分率表示,保留整数。以4次重复为例,分别计算各重复的正常幼苗,不正常幼苗,新鲜不发芽、硬实及死种子的百分率,然后将各重复的正常幼苗百分率的最大值和最小值作差,按照表4-2核对容许差距。若差值在容许差距范围内,则各项数据可取平均值作为发芽实验的最终结果,若差值不在容许差距范围内,则须做第二次发芽实验。

如果实验是8次或16次重复,须先合并为100粒为一个重复组,再按上述方法进行数据处理。

表4-2　同一发芽实验4次重复间的最大容许差距(2.5%显著水平的两尾测定)

平均发芽率/%		最大容许差距/%
50 以上	50 以下	
99	2	5
98	3	6
97	4	7
96	5	8
95	6	9
93～94	7～8	10
91～92	9～10	11
89～90	11～12	12
87～88	13～14	13
84～86	15～18	14
81～83	19～20	15

表 4 - 2 （续）

平均发芽率/%		最大容许差距/%
50 以上	50 以下	
78～80	21～23	16
73～77	24～28	17
67～72	29～34	18
56～66	35～45	19
51～55	46～50	20

五、注意事项

1. 对于 1～2 d 内能够全部萌发的种子,不宜用发芽势来表示,宜采用简化活力指数。

2. 新鲜不发芽的种子可以采用四唑染色法快速鉴定种子的死活,无法判定的一律记为死种子。

3. 若幼苗的某些部位已经腐烂,则应记为不正常幼苗。

4. 进行标准发芽实验的种子必须是净种子。

5. 怀疑种子处于休眠状态时,可采用相应的方法破除休眠后再进行实验。

六、实训报告

种子发芽实验后的结果记入表 4 - 3 中。各百分率修约至整数,各项数据之和应为 100%。若其中某项结果为零,则须填入"0"。

表 4 - 3　种子发芽实验记载表

样品编号		置床日期		年　月　日	
作物名称		品种名称		每重复置床种子数	
发芽前处理		发芽床		发芽温度	持续时间

记载日期	记载天数	重复																				
		I					II					III					IV					
		正	硬	新	不	死	正	硬	新	不	死	正	硬	新	不	死	正	硬	新	不	死	
小计																						

表 4 – 3（续）

			附加说明：
	正常幼苗	%	
	硬实种子	%	
实验结果	新鲜不发芽种子	%	
	不正常幼苗	%	
	死种子	%	
	合计	%	

实验人：

七、思考题

1. 发芽势和发芽率有何区别与联系？
2. 为什么发芽实验所采用的种子必须是净种子？
3. 发芽实验结束后，当存在硬实和吸胀种子时，如何断定这些种子是否已死亡？

实训项目五　标准法测定种子水分

一、实训目的

1. 熟练掌握高恒温烘干法、低恒温烘干法测定种子水分的基本操作技术。
2. 了解高水分种子预先烘干法测定种子水分的基本操作技术。
3. 了解影响种子水分测定结果的因素。

二、实训原理

种子水分即种子的含水量,是指种子中自由水和束缚水(结合水)的含量,是种子质量标准必检的项目之一,也是衡量种子播种质量的重要指标之一。种子水分的多少会直接影响种子的寿命,一般情况下,干燥的种子有利于在贮藏中保持活力;反之,则种子劣变速度会加快,进而导致种子活力下降与贮藏寿命缩短。因此,通过测定种子水分,能及时了解种子是否达到安全水分,对保证种子质量和安全贮藏具有重要作用。

《农作物种子检验规程》中规定烘干减重法为种子水分测定的标准方法,主要包括低恒温烘干法、高恒温烘干法和高水分种子预先烘干法。其主要仪器是恒温烘箱,烘箱通电后,箱内温度不断升高,待测种子温度也随之升高,种子内水分受热汽化而逐渐蒸发到种子外部,最终使种子内自由水和束缚水全部除去,根据减重法即可算出种子水分含量。烘干过程中要注意尽可能减少种子的氧化、分解,以及减少其他挥发性物质的损失。

三、实训材料与仪器用具

1. 材料
小麦、玉米、水稻、大豆、大麦等主要农作物种子。

2. 仪器用具
恒温烘箱、粉碎机、天平(感量 0.001 g)、样品盒(直径 4.5 cm)、干燥器、磨口瓶、牛角匙、毛刷、变色硅胶、防热手套等。

四、实训方法与步骤

1. 低恒温烘干法
低恒温烘干法是在 101～105 ℃ 范围内烘干 8 h,主要适用于大豆、亚麻、向日葵、花生等种子。要求室内相对湿度不超过 70%,否则测定结果偏低。

(1)恒温烘箱预热
实验前将其温度调为 110～115 ℃,维持一定时间。

(2)样品盒处理与编号
在 101～105 ℃ 烘箱中将样品盒烘干约 1 h,置于干燥器内冷却,然后用感量天平称量盒重并做标记,此过程要戴手套操作。

（3）样品粉碎

从送验样品的净种子中迅速取出 15～25 g 种子，磨碎后立即放在广口瓶内备用。

粉碎机细度要求：豆类种子需要粗磨，要求有 50% 以上的磨碎成分通过 4.0 mm 筛孔；禾谷类种子要求 50% 以上的磨碎物通过 0.5 mm 的铜丝筛，最多 10% 留在 1.0 mm 铜丝筛上；小粒种子无须磨碎，直接烘干即可。

（4）试样称量

称取经磨碎处理的试样两份，每份质量要求 4.500～5.000 g，迅速放在预先烘干的样品盒内，盖上盒盖，称重。

（5）烘干处理

打开样品盒盖并放在盒底，迅速放入电烘箱内，样品盒距温度计测温点 2～2.5 cm 处为宜，待烘箱内温度升至 101～105 ℃时，开始计时 8 h。到达时间后，把箱门打开，在烘箱内迅速盖上盒盖（戴上手套，以免烫伤），立即置于硅胶干燥器内冷却干燥 30～45 min，取出称重，并做好记录。

（6）结果计算

用下式计算湿基水分。

$$水分 = (样品烘干前质量 - 样品烘干后质量) \times 100\% / 样品烘干前质量$$

水分测定结果精确到 0.1%。若同一试样两次测定的差距不超过容许差距（0.2%），则用两次测定平均数作为最后结果，否则重做两次测定。

2. 高恒温烘干法

高恒温烘干法是在 130～133 ℃温度范围内烘干 1 h，主要适用于小麦、大麦、水稻、玉米等粉质种子的水分测定。测定时，对实验室内空气相对湿度没有特别要求。

（1）调节烘箱温度至 140～145 ℃，进行预热处理。

（2）样品盒的准备及烘干处理、试验样品的磨碎及细度要求、样品称量份数和质量精度要求同低恒温烘干法。

（3）打开样品盒盖并放在盒底，迅速放入电烘箱内，样品盒距温度计测温点 2～2.5 cm 处为宜，待烘箱内温度升至 130～133 ℃时，开始计时 1 h。

（4）到达时间后，把箱门打开，在烘箱内迅速盖上盒盖（戴上手套，以免烫伤），立即置于硅胶干燥器内冷却干燥 30～45 min，取出称重，并做好记录。

（5）结果计算，同低恒温烘干法。

若允许差距不超过 0.2%，则计算两次测定值的平均数，否则重做两份测定。

3. 高水分种子预先烘干法

此法主要适用于含水量很高且需要磨碎的种子。含水量高的种子在磨碎过程中容易损失水分，并且难以达到规定的细度，因此，需要采用预先烘干法。

（1）从水稻或小麦等高水分种子（水分超过 18%）的送验样品中称取 24.98～25.02 g 样品 2 份，用感量为 1/1000 的天平进行称量。

（2）将整粒种子样品置于 8～10 cm 的样品盒内。

（3）把烘箱温度调节至 101～105 ℃，将样品放入箱内预烘 30 min（若是油料作物种子则按照 70 ℃、60 min 预烘处理）。

（4）达到规定时间后取出，至硅胶干燥器内冷却，然后称重，求出第一次烘失的水分（S_1）。

（5）将预烘过的种子磨碎，称取试样两份，每份 4.500 ~ 5.000 g。

（6）用 101 ~ 105 ℃ 低恒温烘干法或 130 ~ 133 ℃ 高恒温烘干法烘干规定时间，冷却、称重，求出第二次烘失的水分（S_2）。

（7）计算出总的种子水分。

$$种子水分（\%）=（S_1 + S_2）- S_1 \times S_2 / 100$$

式中，S_1 为第一次烘失的种子水分（%），S_2 为第二次烘失的种子水分（%）。

容许差距和结果精度要求同前。

五、注意事项

1. 不能徒手对测量水分的样品进行取样，必须使用扦样器，否则手上的汗水会对测量结果的准确性有影响。

2. 样品的称量质量严格按照要求质量进行称量，否则不能确保其代表性。

3. 置于样品盒内的种子样品不宜太厚，且要均匀分布；箱内物品要均匀分散摆放，且不宜过多，以便保持箱内温度均匀一致。

4. 烘干后的样品盒，不能放在操作台上，一定要放置在干燥器内进行冷却，否则在空气中冷却会吸湿影响结果。

5. 高恒温烘干法要严格控制温度和时间，否则会影响实验测定结果。

6. 同一个样品尽量使用同一台天平进行称量。

六、实训报告

对测定实验结果进行计算分析，结果填报在检验结果报告单的规定空格中，精确度为 0.1%，并报告种子的水分，见表 5－1。

表 5－1　种子水分测定标准法记载表

测定方法	作物	样品	盒重/g	试样重/g	试样重 + 盒重		烘失水分	
					烘前/g	烘后/g	质量/g	百分比/%
低恒温法		1						
		2						
		平均						
高恒温法		1						
		2						
		平均						
高水分种子预先烘干法			整粒样品质量/g	整粒样品烘干后质量/g	磨碎试样重/g	磨碎试样烘干后重/g	水分/%	
		1						
		2						
		平均						

七、思考题

1. 影响种子水分测定的因素有哪些？试分析是如何影响的？
2. 对油脂含量高的种子测定水分时应注意哪些问题？

实训项目六　种子生活力的测定

一、实训目的

1. 掌握四唑染色法和红墨水法测定种子生活力的基本操作。
2. 理解四唑染色法和红墨水法的基本原理。
3. 掌握实训中的注意事项。

二、实训原理

种子生活力是指种胚所具有的生命力或种子潜在的发芽能力。

1. 四唑染色法原理

有生活力的种子在呼吸作用过程中，其胚部会发生氧化还原反应；反之，若种子没有生活力，就不会有此反应。当无色的 TTC（三苯基四氮唑）溶液进入到有生活力种子胚部时，可作为脱氢辅酶 NADH 或 NADPH 的氢受体而被还原，从而生成不溶于水、红色的大分子物质 TTF（三苯基甲腙），胚即被染成红色。当种胚没有生活力或生活力下降（呼吸作用会减弱，脱氢酶的活性亦随之下降）时，胚部不着色或着色变浅。因此，可根据种胚是否着色或着色深浅来判断种子的生活力有无及其强弱。TTC 还原反应如下：

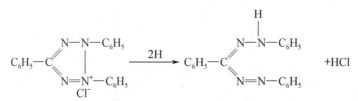

2,3,5-氯化三苯基四氮唑（无色）　　　三苯基甲腙（红色）

2. 红墨水法原理

种子有生活力，其胚部活细胞原生质膜具有选择透过性，红墨水等染料不能进入细胞内，所以胚部不被染色。而没有生活力的种子，其胚部细胞原生质膜无选择吸收能力，则红墨水等染料可进入胚部细胞内，结果胚部被染成红色，因此，可根据种胚是否被染成红色来判断种子是否具有生活力。

三、实训材料与仪器用具

1. 材料

生活力不同的小麦、玉米、水稻、大豆等主要农作物种子。

2. 仪器用具

恒温培养箱、水浴锅、培养皿、镊子、单面刀片、垫板（切种子用）、烧杯、棕色试剂瓶、解剖针、搪瓷盘、pH 试纸等。

3. 试剂

(1) TTC 溶液(0.1%)

配制方法：准确称取 1 g TTC 于烧杯中，然后加入少量酒精使其溶解，最后加入蒸馏水定容至 1 L，即得到浓度为 0.1% 的 TTC 溶液，若需要其他浓度，可适当稀释处理。将配制好的溶液置于棕色瓶内，避光保存备用。

(2) 稀释红墨水

配制方法：取红墨水 1 份，加入 19 份蒸馏水，将其稀释 20 倍作为染色剂，放在广口瓶内备用。

四、实训方法与步骤

1. 四唑染色法

(1) 用 30 ℃ 的温水浸泡小麦、大豆、玉米等作物种子 2～6 h，使其充分吸胀。

(2) 每类种子随机取 50 粒，作 2 次重复。玉米、小麦种子沿胚部纵切一分为二，取每粒种子的一半备用；大豆种子去掉种皮，掰开两片子叶，取其中的一片备用。

(3) 将培养皿或小烧杯分别做标记，放入上述处理好的种子，加入 TTC 溶液至淹没种子即可，然后置于恒温保温箱内，30～35 ℃ 维持 30 min，注意最好避光处理。

(4) 到达时间后，倒掉染色液，用自来水冲洗至浮色褪去，迅速检验种胚的染色情况，最终判定所检验种子是否具有生活力，将结果填入表 6－1 内。

2. 红墨水法

(1) 浸泡待检验种子，同上述 TTC 法；另取一部分种子在沸水中煮 3～5 min 变成死种子，作为对照组。

(2) 取浸泡好的种子和死种子各 50 粒，重复 2 次，处理方法同 TTC 法。

(3) 将培养皿或小烧杯分别做标记，放入上述处理好的种子，加入稀释好的红墨水至淹没种子即可，置于恒温保温箱内，染色 10～20 min，然后倒出染色液，清洗种子至无浮色即可。

(4) 观察待检测种胚部的着色情况，若种子均被染成红色，表明种子是死种子，没有生活力；若胚部未被染色或略有浅红色，表明种子具有生活力。将检验结果填入表 6－1 内。

五、注意事项

1. TTC 溶液为无色，见光易被还原成红色，一般现用现配，然后置于棕色瓶中，若发现溶液变红，则不可使用。

2. 染色温度一般以 25～35 ℃ 为宜。若提高温度，则染色时间相应缩短；但温度不可过高，否则会破坏种子的结构，影响种子生活力的判断。

3. 种子的生活力要根据胚或胚的主要构造是否被染色(光亮的鲜红色)进行判断，若胚的主要构造有部分不着色，要看其面积大小来决定，具体可根据《种子检验规程》的规定进行判断。

4. 不同作物种子浸泡时间、试剂浓度及染色时间会有差异，要依据具体种子来确定。

六、实训报告

分析本次实验结果,结果保留整数,见表6-1。

表6-1 染色法测定种子生活力记载表

方法	种子名称	供试粒数	有生活力种子粒数	无生活力种子粒数	有生活力种子占供试粒数的百分比/%
四唑染色法					
红墨水法					

七、思考题

1. 简述四唑染色法和红墨水法测定种子生活力的异同。
2. 种子的生活力与发芽率之间存在什么样的关系?

实训项目七 种子活力测定

7.1 直接法测定种子活力

一、实训目的

1. 理解种子活力的概念及测定意义。
2. 掌握种子活力测定常用方法及判断种子活力高低的标准和依据。

二、实训原理

种子活力是指田间条件下的出苗能力和与此有关的生产性能和指标。种子活力是种子质量最本质的反映,活力测定是保证田间出苗率和生产潜力的必要手段。种子活力的测定方法有直接法和间接法两种。

直接法是在实验室条件下,模拟田间可能遇到的不良环境条件,进而观察发芽及出苗情况,判断抗逆性强弱,最终反映出种子活力强弱。

间接法主要是通过测定一些能反映种子活力的生理生化指标,如呼吸强度、酶的活性、加速老化实验、电导率测定等,从而反映出种子活力强弱。

三、实训材料与仪器用具

1. 材料

不同活力的小麦、玉米、大豆、水稻等主要农作物种子。

2. 仪器用具

智能人工气候箱、培养箱、发芽盒、天平、培养皿、镊子、剪刀、发芽纸或滤纸、烧杯、尺子等。

四、实训方法与步骤

1. 幼苗生长测定

(1)随机取不同批次的小麦种子试验样品,每批取 25 粒,重复 3 次。

(2)取一张大小适合的发芽纸,用铅笔在基部画一条直线,以此向上每隔 2 cm 画一条平行线,直至最顶端。在直线上,间隔 1 cm 画 25 个点,作为放置种子的标记。

(3)发芽盒内先铺上一层发芽纸,然后将画线的发芽纸放在其上并浸湿至饱和状态,在直线上每个点放 1 粒种子,上面盖上同样大小的浸湿发芽纸,置于人工气候箱内,在适合的温湿度及光照条件下培养 7 d,管理方法同标准发芽实验。

(4)实验结束,将幼苗压倒与发芽纸平行,统计每对平行线之间的幼苗尖端的数目,按照公式,计算幼苗平均长度 L。

$$L = (nx_1 + nx_2 + \cdots + nx_n)/25$$

式中,L 为幼苗平均长度,n 为每对平行线内的幼苗尖端数,x 为平行线中点至基部线的距离。

根据判定规律,幼苗平均长度数值大,则为高活力种子批。

2. 发芽速度的测定

(1)取不同批次的水稻种子样品各 100 粒,在 20 ℃下进行发芽实验,每批次重复做 3 次。

(2)以种子置床后 24 h 为第 2 天,每天记载发芽的种子数,至第 8 天结束,测定幼苗的平均干重或平均长度,并分别计算下列指标。

初期发芽率(发芽势) = 实验中期发芽种子数/种子总数

日平均发芽率(%/d) $= G_s/G_d$

式中,G_s 为总发芽率,G_d 为总发芽天数。

发芽指数(G_1) $= \sum G_t/D_t$

式中,D_t 为发芽日数,G_t 为与 D_t 相对应的每天发芽种子数。

活力指数(Ⅵ) $= G_1 \times S$

式中,S 为一定时期内正常幼苗长度(cm)或质量(g)。

简化活力指数(SVI) $= G \times S$

式中,G 为发芽率。

(3)结果判定,所测指标数值高的,则为活力高的种子。

3. 抗冷测定实验

抗冷测定适用于玉米、大豆、棉花等春播喜温作物种子。

(1)取不同批次的大豆或玉米种子 50 粒,每批次重复做 3 次。

(2)在土壤盒内装入 3~4 cm 大田土壤,将上述种子播种并在其上盖上约 2 cm 厚的表土,在 10 ℃的恒温箱中培养一周,然后移入人工气候箱内进行正常发芽实验,大豆组 25 ℃培养 4 d,玉米组 30 ℃培养 3 d

(3)实验结束后,计算发芽率。

发芽率高说明种子批具有抗冷性,为高活力种子。也可将幼苗按强壮、细弱等标准进行分类,判定种子批活力大小。

4. 冷浸实验

(1)测定原理

种子置于低温冷水浸泡过程中,会受到吸胀损伤、吸胀冷害和缺氧的不良影响,若种子活力低,冷浸处理后会丧失发芽力或发芽力降低;相反,种子活力高,抗逆性强,则不会影响其发芽能力。因此,冷浸实验结果能直观地反映种子批活力的大小。

(2)测定方法

取不同批次的大豆、小麦或玉米等种子各 100 粒,每批次重复做 3 次,用双层医用纱布包好,并做好标记。放入 3~6 ℃的冷水中浸泡 8~10 h 后取出,分别做标准发芽实验,最后测定发芽势、发芽率、活力指数及发芽指数等指标,计算方法同"发芽速度的测定"实验。

各项指标数值大的,即为高活力种子批。

五、注意事项

1. 要注意标准发芽实验所需环境因子的控制,尤其是水分管理。
2. 冷浸实验和抗冷测定要把握冷凉温度的控制。

六、实训报告

根据发芽实验计算所测指标,要求有原始数据,通过计算分析实验种子的活力大小。

七、思考题

1. 为什么要测定种子的活力?
2. 种子活力与发芽力有何关系?

7.2 间接法测定种子活力——脱氢酶活性测定

一、实训目的

1. 学习通过测定脱氢酶的活性来评价种子活力的强弱。
2. 掌握测定种子脱氢酶活性的原理、方法和意义。

二、实训原理

间接法是通过测定某些与种子活力有关的生理生化指标,如酶的活性、呼吸强度、加速老化实验、电导率测定等,进而判定种子活力强弱。

脱氢酶是种子呼吸过程中的一个重要的生物催化剂,其活性强弱与种子呼吸作用的强弱有直接关系。TTC(三苯基四氮唑)的氧化态为无色,活种子呼吸作用时脱氢酶所产生的氢可将 TTC 还原为红色的不溶物 TTCH(三苯基甲腙),种子经 TTC 染色后,可用丙酮提取产生的 TTCH,在 490 nm 下测定光密度值,光密度值越高,说明 TTCH 含量越大,则种子活力越强。也可从标准曲线上查 TTCH 的含量,定量计算出脱氢酶的活性,从而判定所测种子批的活力强弱。

三、实训材料与仪器用具

1. 材料
活力不同的大豆、玉米、水稻、小麦等作物种子。
2. 仪器用具
低温低湿储藏箱、恒温水浴箱、分光光度计、容量瓶、离心机、试管、研钵、吸管、微量注射器等。
3. 试剂
丙酮、0.1% TTC 溶液、$Na_2S_2O_4$、石英砂(分析纯)等。

四、实训方法与步骤

1. 标准曲线的绘制

准备洁净的 5 mL 容量瓶 7 只,分别加入 0.1% TTC 溶液 0 μL、25 μL、50 μL、75 μL、100 μL、125 μL、150 μL,每瓶再分别加入 1 滴(极少量)$Na_2S_2O_4$(作为还原剂,将 TTC 还原成红色的 TTCH),用蒸馏水定容并摇匀,即分别配制成 0 μg/mL、5 μg/mL、10 μg/mL、15 μg/mL、20 μg/mL、25 μg/mL、30 μg/mL 的 TTCH 标准溶液。用分光光度计在 490 nm 波长下测定光密度,绘制标准曲线(横坐标为光密度,纵坐标为 TTCH 浓度)。

2. 样品种子 TTCH 含量的测定

(1)用自来水浸泡一定数量的玉米样品的净种子,使其充分吸胀。

(2)取不同批次充分吸胀的种子各 50 粒,每批次重复 3 次,分别放入具塞试管中做好编号和标记,每支试管加入 0.1% TTC 溶液 10 mL,恒温水浴 38 ℃,黑暗环境下染色 3 h。

(3)将试管内染色液倒出,用清水冲洗染色种子至无浮色为止,并将种子表面水剂用滤纸吸干,倒入研钵,同时加入丙酮和少许石英砂充分研磨。

(4)将研磨液倒入 5 mL 容量瓶,用丙酮冲洗研钵 3 次并倒入容量瓶,定容并摇匀。

(5)分别吸取各样品提取液 5 mL 置于 10 mL 离心管中做离心(3 000 r/m,5 min)处理,然后吸取上清液测定 490 nm 波长下的光密度,最后从标准曲线中查出对应的 TTCH 含量。

五、注意事项

1. TTC 定量法适用于易去种皮或种皮不带颜色的种子活力的测定。

2. 反应须在恒温条件下进行,一般在 38 ℃左右能达到良好的效果。

3. 对活力低和劣变严重的种子要小心操作,注意染色时间和温度的控制。种子活力低时,TTC 渗透快、染色深,所以提取液的颜色也会随之加深,光密度会出现相反的结果。

4. TTC 见光分解,一般需要现用现配。

六、结果计算和分析

1. 绘制标准曲线。

2. 根据测定结果比较所测种子的活力的强弱。

七、思考题

1. 种子脱氢酶活性测定的意义是什么?

2. 种子脱氢酶活性测定的原理是什么?

7.3 间接法测定种子活力——电导率法

一、实训目的

1. 了解种子电导率测定原理。
2. 掌握种子电导率测定的操作方法。

二、实训原理

干燥的种子经浸泡首先发生吸胀反应,该过程主要进行各种膜结构的修复和重建,此时会有氨基酸、糖类、有机酸及其他离子等电解质渗出,所以浸泡液具有一定的导电能力(电导率)。一般情况下,如果种子活力强,其膜结构恢复和重建过程迅速,渗出物少,浸泡液的电导率就低;若种子活力弱,则其膜结构恢复和重建过程就会缓慢,所以渗出物会增多,浸泡液的电导率也会随之升高。因此,可通过测定种子浸泡液电导率来推测种子活力的强弱。

三、实训材料、仪器用具与试剂

1. 材料
豌豆、大豆、玉米种子和去离子水。
2. 仪器用具
恒温培养箱、电导率仪、烧杯、铝箔、电子天平(感量为 1/100 g 和 1/1 000 g)、标签纸等。
3. 试剂
去离子水、KCL。

四、实训方法与步骤

1. 测定前的准备
(1)校正电极
电导率仪的电极常数必须达到 1.0 才能使用,应定期(每两周)对电极进行校正。
标定液的配制:将 0.745 g 的分析纯 KCL 溶于 1 L 去离子水中,配成 0.01 mol/L 的 KCL 溶液。该标定液在 20 ℃下的电导率为 1 273 μS/cm 或略高。如果读数不准确,应调整或检查仪器。
(2)去离子水的准备
准备好的去离子水要进行电导率的测定,数值要求为 2 μS/cm(20 ℃条件下)。
(3)检查温度
检查发芽箱、培养箱和去离子水的温度,只有在 19 ~ 21 ℃范围内才能进行电导率的测定。
(4)检查种子含水量
种子含水量应为 10% ~ 14%,若不在此范围,应调节。

（5）烧杯的准备

准备清洁干净的 500 mL 烧杯若干，用去离子水冲洗 3 次后，向其内倒入 250 mL 去离子水，备用。浸种前，须在 19～21 ℃条件下平衡 24 h。

2. 豌豆种子电导率的测定

（1）随机取豌豆净种子 50 粒为一组，要求大小尽量一致，重复做 4 次，分别称重，精确至 0.01 g。

（2）将称重后的各组种子分别放入事先准备好的 500 mL 烧杯内，加入去离子水 250 mL，确保种子完全被浸没，做好标记。为防止灰尘和杂质进入而产生污染，需用铝箔或保鲜膜将烧杯盖好，然后在 19～21 ℃条件下平衡 24 h。

（3）将电导率仪至少提前 15 min 启动。第二步浸种时间到达后，应立即测定去离子水（对照）和种子浸泡液的电导率。轻轻摇晃盛有种子的烧杯 10～15 s，掀开保鲜膜或铝箔，插入电极，注意不要把电极放在种子上。测完一组试样后，立即用去离子水冲洗电极 2 次，然后吸干表面水分，继续测定下一组，注意每组样品测定时间不宜超过 15 min，也可将种子取出后再测定浸泡液的电导率。

（4）若观察到浸泡的种子中有硬实的，电导率测完后，要将其取出，吸干水分，计数并称重，并将其质量从该重复组的 50 粒种子质量中扣除，再计算电导率。

3. 计算电导率

按照下列公式计算每组试样的电导率：

电导率 [μS/cm.g] = （实验组测定值 − 对照组测定值）/种子样品的质量（g）

如果 4 组试样间最大差值不超过 5 μS/cm.g，则取 4 次平均值作为最终测定结果；反之，应重做实验。

五、注意事项

1. 电导率结果受种子水分、种子大小及完整性、浸泡时间及温度、容器大小、溶液体积等因素的影响，应注意种子样品水分必须控制在 10%～14% 范围内，低于 10% 或高于 14% 的样品必须将种子水分调节到这一范围。

2. 所有电导率的测定都应在 19～21 ℃条件下进行，研究表明即使微小的温度变化也会导致电导率产生很大差异。

3. 种子在浸泡过程中，为防止水分蒸发和杂质污染，须用铝箔或保鲜膜盖好。

4. 测定不同的种子样品时，务必用双蒸水彻底清洗电极并用滤纸吸干电极表面水分。

六、实训报告

通过测定不同批次豌豆种子的电导率，判定其种子活力的强弱，并做简要分析。

七、思考题

1. 影响电导率法测定结果的因素有哪些？
2. 如何用种子老化测定结果来判定种子活力的强弱？

实训项目八　种子真实性与纯度检验

8.1　化学法和形态法检验种子真实性和纯度

一、实训目的

1. 了解形态学鉴定种子纯度的方法。
2. 理解苯酚染色法和愈创木酚染色法的基本原理。
3. 掌握苯酚染色法和愈创木酚染色法的具体操作和注意事项。

二、实训原理

不同作物品种间在形态特征方面往往会存在很大差异性,如颜色、形状、光泽、粗糙程度及有稃壳种子的稃毛长短、稃尖颜色及稃毛疏密等特征。借助放大镜逐粒观察,即可简便地辨别出不同品种间的差异性,进而测定种子的纯度。但是有些作物品种间形态特征差异不明显,用形态鉴别法很难分辨,则可采用某些有针对性的化学试剂把种子进行浸种或染色处理,依据显色结果,对照标准品,即可对品种的真实性进行鉴别。下面以两种化学染色法为例阐述染色法的基本原理。

苯酚染色法主要适用于小麦、水稻等及禾本科牧草种子。该方法被认为是一种酶促反应,在酚酶的作用下,可将禾谷类种壳内存在的酚类物质(多酚、双酚、单酚)氧化成为黑色素($C_{77}H_{99}O_{55}N_{14}S$),由于不同品种种壳内酚酶活性存在差异,所以可将苯酚氧化成不同深浅的褐色。

愈创木酚染色法是大豆品种鉴别的专用方法,在大豆种皮内存有过氧化物酶,该酶能分解过氧化氢而放出氧气,从而使愈创木酚(无色)被氧化而生成4-邻甲氧基对苯醌(红棕色)。种皮内含有的过氧化物酶活性越高,单位时间内产生的4-邻甲氧基对苯醌越多,则溶液的颜色就越深;反之,颜色会变浅。由于不同品种的遗传基础不同,溶液染色的深浅会有差异,依此可区分不同品种。

三、实训材料、仪器用具与试剂

1. 材料
小麦、玉米、大豆(浸泡)、高粱、棉花等植物净种子。
2. 仪器用具
恒温培养箱、天平、放大镜、解剖针、镊子、刀片、培养皿、小试管、纱网、滤纸等。
3. 试剂
1%石炭酸、95%甲醇、0.5%愈创木酚、0.1%过氧化氢、蒸馏水、开水、氢氧化钠、氢氧化钾、漂白粉等。

四、实训方法与步骤

(一)小麦种子纯度检验

1. 种子形态法鉴定

(1)从小麦的送验样品中,随机取100粒为一组,重复4次。

(2)可借助放大镜逐粒观察以下外部特征:颜色、大小、形状、光泽度、茸毛及表皮等,分辨本品种和异品种种子,将异品种种子计数,按下列公式计算待测种子的纯度。

种子纯度 = (供检种子粒数 – 异品种种子粒数)/供检种子粒数×100%

2. 苯酚染色法

(1)随机取小麦种子送验样品100粒为一组,重复4次。

(2)在室温下用清水浸泡种子24 h,取出后,用1%石炭酸浸泡15 min。

(3)种子(腹沟朝下)放在培养皿中,分别铺上和盖上两层浸泡过1%石炭酸溶液的滤纸,并盖好盖子,放在恒温培养箱中30 ℃保存,40 min后进行观察,即可根据粒色的深浅鉴定种子纯度。

(4)小麦种子染色程度分为5个等级:不染色(浅色)、淡褐色、褐色、深褐色和黑色。将与以上染色不同的种子取出作为异品种,并进行相应计算。

3. 氢氧化钠染色法

当小麦种子红色种皮和白色种皮不易区分时,可采用此法。

(1)随机取小麦净种子100粒为一组,重复4次。

(2)用95%甲醇在室温下浸泡种子15 min后取出,自然干燥30 min。

(3)在洁净的小烧杯内倒入5 mol/L的氢氧化钠溶液,将上述种子在其内浸泡5 min(室温条件下),然后转至培养皿内自然干燥,根据颜色深浅判定种子纯度。

(二)大豆种子愈创木酚染色法

(1)随机取大豆种子送验样品50粒为一组,重复4次。

(2)剥下每粒种子的种皮,分别置于小试管内,向其中各加入1 mL蒸馏水,浸泡60 min(30 ℃),然后再向每支试管内滴加0.5%的愈创木酚溶液10滴,继续浸泡10 min。

(3)10 min后向每支试管内加入0.1%的过氧化氢溶液1滴,1 min后溶液即显色,立即鉴定并计数。溶液可能呈现无色、淡红色、橘红色、深红色和棕红色等不同颜色,可根据不同颜色鉴别品种,计算品种的纯度。

(三)高粱种子氢氧化钾 – 漂白粉测定法

(1)配制1:5(m/V)的氢氧化钾和5.25%新鲜普通漂白粉混合液。

(2)随机取送验样品400粒,分成4组试样。将种子放入培养皿中,加入氢氧化钾 – 漂白粉混合液将种子淹没即可,将棕色种皮种子浸泡10 min。

(3)将种子倒在纱网上,用自来水冲洗,然后将其放在纸上让其自然干燥,记录浅色种子数和黑色种子数。

（四）棉花种子健籽率检验

1. 开水烫种法

（1）随机取棉花净种子400粒，分为4组试样。

（2）分别在小烧杯中放入上述种子，倒入开水浸烫并搅拌。

（3）5 min后，棉籽短绒得到浸湿，即可根据不同颜色进行鉴别。一般情况下，呈浅红色、浅褐色或黄白色的为非健籽，呈深红色或深褐色的为健籽。通过计算健籽率可测定品种纯度。

2. 解剖法

（1）随机取棉花净种子400粒，分为4组试样。

（2）用刀片将种子逐粒切开，然后根据饱满程度和色泽进行鉴别。

（3）种仁饱满、油点明显、色泽新鲜者为健籽，种仁瘪细、油点不明显、色泽浅褐色或深褐色者为非健籽。

$$健籽率 = （供检籽数 - 非健籽数）/供检籽数 \times 100\%$$

五、注意事项

1. 若某些小麦品种利用标准法染色后，颜色相同无法区别，可采用加速或延缓剂处理后再染色鉴定。对染色很深的种子用0.3%碳酸钠溶液浸泡18 h（室温），对染色很浅的种子可利用0.01%硫酸铜溶液浸泡18 h，然后置培养皿内染色。

2. 用化学试剂浸泡种子时，应使种子淹没，保证与试剂充分接触，使染色充分。

3. 大豆剥种皮时的碎整程度要一致，否则影响染色的深浅，进而影响鉴定结果。最好使用小的打孔器，将种皮打下，这样可避免种皮大小及碎整程度对染色结果的影响。

六、实训报告

报告所测种子的纯度，并加以分析。

七、思考题

1. 种子纯度的鉴定方法有哪几类，各有什么优缺点？

2. 种子纯度鉴定有何意义？

8.2 简单序列重复分子标记检验种子真实性

一、实训目的

1. 了解简单序列重复分子标记检验种子真实性的原理。

2. 掌握检测方法的具体操作。

二、实训原理

简单序列重复（simple sequence repeat，SSR）分子标记是一种基于特异引物PCR技术的分子标记技术。SSR 的基本重复单元一般为 2 ~ 6 bp,重复次数为 10 ~ 50 次,其长度大多在 100 ~ 300 bp。SSR 尽管在基因组的不同位置分布,但其两端多数是保守的单拷贝序列,所以,可根据该序列设计一对特异引物,将其通过 PCR 技术进行扩增,再利用电泳技术获得其长度多态性。SSR 分子标记具有重复性好、操作简单、多态性丰富、基因组中分散分布、属于共显性标记等优点,在种子真实性及纯度鉴定中具有良好的应用前景。

三、实训材料、仪器用具与试剂

1. 材料

不同品种的大豆种子,SSR 引物见表 8 – 1,也可自行设计。

表 8 – 1   11 对 SSR 引物标号及序列

编号	上游引物序列(5′→3′)	下游引物序列(5′→3′)
Satt130	TAAACGAAATTTAGTTTTAAGACT	TGAATGGCTAAAAACGTGATT
Satt217	AATGATTTTGCGTATGTAAGATGA	GCGGATGACATTAATAGTTTTTAGA
Satt684	GGGCTTCATTTTAGATGGAGTC	TGGAGCTCATATTCGTCACAAAG
Satt267	CCGGTCTGACCTATTCTCAT	CACGGCGTATTTTTATTTTG
Satt249	GCGGCAAATTGTTATTGTGAGTAC	GGCCAGTGTTGAGGGATTTAGA
Satt318	GCGCACGTTGATTTTTTTATAGTAA	GCGATATTTATATGGCCGCTAAG
Satt636	GTCATGACTCATGAGTCACGTAAT	CCCAAGACCCCCATTTTTATGTCT
Satt549	GCGGCAAAACTTTGGAGTATTGCAA	GCGCGCAACAATCACTAGTACG
Satt581	CCAAAGCTGAGCAGCTGATAACT	CCCTCACTCCTAGATTATTTGTTGT
Satt644	TATGCCTCAAACCACAAA	CAGGCCACCATTTTTCTT
Satt487	ATCACGGACCAGTTCATTTGA	TGAACCGCGTATTCTTTTAATCT

注:11 条 SSR 引物选自 Cregan 等(1999)发表的 SSR 引物序列。

2. 仪器用具

PCR 扩增仪、核酸蛋白仪、电泳仪、水平电泳槽、离心机、凝胶图像处理系统、高压蒸汽灭菌锅、磁力搅拌器、研钵、离心管等。

3. 试剂

EDTA – Na_2、Tris 碱、NaAc、NaOH、双蒸水、NaCl、浓 HCl、琼脂糖、十六烷基三甲基溴化铵(CTAB)、EDTA、甘油、酚蓝、二甲苯蓝、0.5% 次氯酸钠溶液、冰醋酸、苯酚/氯仿/异戊醇混合液、无水乙醇、75% 乙醇、EB 等。

四、实训方法与步骤

1. 溶液配制

(1)10 mol/L NaOH 溶液

准确称取 NaOH 40.00 g,溶于 80 mL 的双蒸水中,不断搅拌,最后用双蒸水定容至

100 mL。

（2）0.5 mol/L EDTA（pH 值为 8.0）

精确称取 EDTA – Na₂ 18.61 g，加入 80 mL 双蒸水，在磁力搅拌器上剧烈搅拌，使其充分溶解，然后加入 10 mol/L NaOH 约 7 mL，调酸碱度至 pH 值为 8.0，最后用双蒸水定容至 100 mL，在高压蒸汽下灭菌（1.03 × 10⁵ Pa，20 min）备用。

（3）5 mol/L NaCl 溶液

精确称取 NaCl 29.22 g，在 90 mL 双蒸水中加热到 80 ℃使其溶解，冷却后，再用双蒸水定容至 100 mL，高压灭菌（1.03 × 10⁵ Pa，20 min）备用。

（4）1mol/L Tris – HCl 溶液（pH 值为 8.0）

精确称取 Tris 碱 12.114 g，溶于 80 mL 双蒸水中，加入浓 HCL 4.2 mL 使 pH 值为 8.0，再加双蒸水定容到 100 mL，高压灭菌（1.03 × 10⁵ Pa，20 min）备用。

（5）10%（m/V）CTAB

精确称取 CTAB 10.00 g，溶解于 80 mL 的双蒸水中并加热，再用双蒸水定容至 100 mL，于室温下保存。

（6）3 mol/L NaAc – 3H₂O 溶液（pH 值为 5.2）

称取 NaAc 晶体 20.412 g，溶于 30 mL 的双蒸水中，用冰醋酸调 pH 值为 5.2，然后用双蒸水定容至 50 mL，高压灭菌（1.03 × 10⁵ Pa，20 min），4 ℃保存。

（7）苯酚/氯仿/异戊醇混合液

将苯酚/氯仿/异戊醇按照体积比 25∶24∶1 混合，4 ℃保存。

（8）CTAB 提取缓冲液

取 10% CTAB 20 mL，依次加入 1 mol/L Tris – HCl（pH 值为 8.0）10 mL、0.5 mol/L EDTA（pH 值为 8.0）4 mL、5 mol/L NaCl 28 mL，再用双蒸水定容到 100 mL，高压灭菌（1.03 × 10⁵ Pa，20 min）。

（9）TE 缓冲液

取 1 mol/L Tris – HCL 溶液（pH 值为 8.0）1 mL、0.5 mol/L EDTA（pH 值为 8.0）0.2 mL，再用双蒸水定容到 100 mL，高压灭菌（1.03 × 10⁵ Pa，20 min），4 ℃保存。

（10）电泳缓冲液 TAE（50×）

Tris 碱 242 g、冰醋酸 57.1 mL、0.5 mol/L EDTA（pH 值为 8.0）200 mL，用双蒸水溶解定容到 1 000 mL。

（11）上样缓冲液（6×）

将 EDTA – Na₂ 1.116 g、甘油 36 mL、二甲苯蓝 0.05 g、溴酚蓝 0.05 g 溶于 100 mL 双蒸水中。

2. 大豆种子 DNA 的提取

（1）用 0.5% 的次氯酸钠溶液将大豆种子进行消毒 5 min 后，用自来水将种子冲洗干净并用滤纸吸干，在 25 ℃光照发芽箱中恒温沙培发芽 14 d，确保每天有 12 h 光照。

（2）称取大豆幼苗的嫩叶片 1.5 g 于研钵（事先已预冷）内，置于液氮中，迅速研磨成粉末状即可。然后将其转至 1.5 mL 已灭菌的离心管内，立即加入 CTAB 提取缓冲液（65 ℃预热）800 μL，剧烈振荡，最后在 65 ℃水浴中加热 40 min。注意水浴期间要晃动 3～4 次离心管，使其受热均匀。

（3）室温环境下将上述溶液进行离心（10 000 r/min，15 min）。取上清液于另一只

1.5 mL 离心管内,然后加入等体积的苯酚/氯仿/异戊醇混合液(25∶24∶1),轻轻颠倒离心管,充分混匀。再重复一次此步骤。

(4)取上清液,再转入一只新的 1.5 mL 离心管内,加入 1/10 体积的 3 mol/L NaAc-3H$_2$O 溶液和 2 倍体积的预冷的无水乙醇,轻轻上下颠倒混匀。为了使 DNA 充分沉淀,须在 -20 ℃条件下静置 30 min。

(5)在 4 ℃条件下再次离心(5 000 r/min,1~2 min)后,弃去上清液,收集沉淀,加入 75%的乙醇 300 μL,将沉淀漂洗 2 次,再次于上述温度下(5 000 r/min,1 min)离心,将上清液弃掉,加入无水乙醇 200 μL,上下颠倒离心管,将 DNA 沉淀充分洗涤,去掉上清液,室温风干。

(6)加入 TE 缓冲液 100 μL,在室温下将干燥的 DNA 沉淀溶解 0.5~3 h。

(7)所提取的 DNA 用核酸蛋白仪检测 DNA 样品的浓度和质量,再取部分溶液稀释至 20 ng/μL,在 -20 ℃条件下保存待用。

3.PCR 反应体系和扩增程序

(1)反应体系

5 μL 1×PCR Reaction Buffer、2 μL 20 mmol/L MgCl$_2$、2 μL 2 mmol/L dNTPs、0.2 μL Taq 聚合酶(0.5 U)、2 μL 2 μmol/L 上下游引物、50 ng DNA,加双蒸水补足 20 μL。

(2)扩增程序

94 ℃预变性 5 min,94 ℃变性 30 s,55 ℃退火 30 s,72 ℃延伸 1 min,进行 35 个循环;最后 72 ℃延伸 10 min,4 ℃保存。

4.琼脂糖电泳

(1)将制胶模具、封板和样品梳进行清洗,然后插好样品梳。

(2)采用 1.5%琼脂糖凝胶进行 PCR 产物的扩增,即在锥形瓶内加入琼脂糖 0.75 g,再加入 1×TAE 50 mL,加热至完全熔化即可。注意在加热过程中要不时地摇匀,确保液体不要沸出。

(3)冷却至 60 ℃,加入 EB(溴化已锭)0.5~0.6 μL,混匀后倒胶,凝胶凝固 20~30 min。

(4)把样品梳小心拔出,放入电泳槽中,加入电泳缓冲液(1×TAE)并浸没胶面。取 10 μL 样品与 2 μL 上样缓冲液混匀,慢慢点入点样孔中。

(5)在 130 V 恒压下电泳 1~1.5 h(前沿指示剂移至凝胶底部 3/4 左右结束电泳)。

(6)将胶板取出,在凝胶图像处理系统上的紫外灯下观察、拍照,用凝胶图像分析软件分析谱带。

五、注意事项

1.电泳过程中,应注意当前沿指示剂移动至凝胶底部 3/4 左右时结束电泳。

2.提取出的 DNA 样品浓度和质量要符合要求,否则会导致后续实验失败。

六、实训报告

根据不同品种的谱带区分不同品种。结合父母本及杂交种子的谱带,进行种子真实性分析。

七、思考题

1. 简述 SSR 分子标记检验种子真实性的基本原理。
2. 如何根据 SSR 电泳图谱鉴定大豆种子的真实性？
3. 提取 DNA 时应注意哪些问题？

8.3　简单重复序列区间分子标记检验种子的真实性

一、实训目的

1. 了解简单重复序列区间分子标记检验种子真实性的基本原理。
2. 掌握简单重复序列区间分子标记检验种子的具体检测方法。

二、实训原理

简单重复序列区间(inter simple sequence repeat, ISSR)分子标记是在 SSR 分子标记基础上创建的,是利用重复序列加选择性碱基为引物对 DNA 进行扩增的标记技术。该技术检测的是两个 SSR 之间的一段短 DNA 序列上的多态性。其基本原理是利用广泛存在于真核生物基因组中的 SSR 序列,设计出各种能与 SSR 序列结合的 PCR 引物,引物大小为 16 ~ 18 bp,然后对两个距离较近、方向相反的 SSR 序列之间的 DNA 区段进行扩增。ISSR 引物设计简单,无须知道 DNA 序列即可用引物进行扩增,操作简单、稳定性高、多态性强,是目前应用较为广泛的分子标记技术之一。

三、实训材料、仪器用具与试剂

1. 材料
不同品种的大豆种子。
2. 仪器用具
核酸蛋白仪、离心机、PCR 扩增仪、电泳仪、水平电泳槽、高压蒸汽灭菌锅、凝胶图像处理系统、搅拌器、研钵、离心管等。
3. 试剂
EDTA – Na$_2$、NaOH、NaCl、浓 HCl、NaAC、双蒸水、Tris 碱、CTAB、EDTA、冰醋苯酚/氯仿/异戊醇混合液、甘油、溴酚蓝、二甲苯蓝、0.5% 次氯酸钠、琼脂糖、无水乙醇、75% 乙醇、EB 等。

四、实训方法与步骤

1. 溶液配制
具体配制种类和方法同 8.2 节。
2. 大豆种子 DNA 提取
具体提取方法同 8.2 节操作。

3.PCR 反应体系和扩增程序

（1）PCR 反应体系

5 μL 1×PCR Reaction Buffer、1.5 μL 20 mmol/L MgCl₂、2 μL 3 mmol/L dNTPs、0.4 μL Taq 聚合酶（1.0 U）、2 μL 6 μmol/L 引物、50 ng DNA，加双蒸水补足 20 μL。

（2）扩增程序

94 ℃ 预变性 5 min；94 ℃ 变性 30 s，×℃（× 为不同 ISSR 引物的最适退火温度）退火 30 s，72 ℃ 延伸 1 min，进行 35 个循环，最后 72 ℃ 延伸 10 min，4 ℃ 保存。

12 条 ISSR 编号及引物序列见表 8-2，T_m 值及最适退火温度见表 8-3。

表 8-2　12 条 ISSR 引物标号及序列

编号	引物序列（5′→3′）	编号	引物序列（5′→3′）
UBC816	CACACACACACACACAT	UBC842	GAGAGAGAGAGAGAGAYG
UBC826	ACACACACACACACACC	UBC848	CACACACACACACACARG
UBC827	ACACACACACACACACG	UBC856	ACACACACACACACACYA
UBC829	TGTGTGTGTGTGTGTGC	UBC859	TGTGTGTGTGTGTGTGRC
UBC835	AGAGAGAGAGAGAGAGYC	UBC874	CCCTCCCTCCCTCCCT
UBC841	GAGAGAGAGAGAGAGAYC	UBC881	GGGTGGGGTGGGGTG

注：12 条 ISSR 引物选自加拿大哥伦比亚大学（UBC）公布的第 9 套 ISSR 引物序列表。R = A/G，Y = C/T。

表 8-3　12 条 ISSR 引物的 T_m 值及最适退火温度

编号	T_m 值	最适退火温度/℃	编号	T_m 值	最适退火温度/℃
UBC816	52.18	52.7	UBC842	56.16	50.1
UBC826	54.59	52.7	UBC848	56.16	48.8
UBC827	54.59	50.1	UBC856	53.88	50.1
UBC829	54.59	52.7	UBC859	56.16	48.8
UBC835	56.16	52.6	UBC874	61.80	52.7
UBC841	56.16	52.7	UBC881	61.77	52.7

4.琼脂糖电泳

具体电泳操作过程同 8.2 节。

5.结果分析

根据不同品种的谱带区分不同品种。结合父本和母本及杂交种子的谱带，分析种子的真实性。

五、注意事项

1.大豆种子提取出的 DNA 样品浓度和质量要符合要求，否则会影响后续实验，甚至导致实验失败。

2. 电泳过程中，须注意当前沿指示剂移至凝胶底部 3/4 左右时结束电泳。

六、实训报告

根据不同品种的谱带区分不同品种。结合父本、母本及杂交种子的谱带进行种子真实性分析。

七、思考题

比较 ISSR 和 SSR 分子标记技术的区别。

实训项目九 种子健康测定

一、实训目的

1. 理解种子健康测定的意义。
2. 掌握种子健康测定的常用方法。

二、实训原理

种子健康测定主要是检验种子是否带有细菌、真菌及病毒等病原菌或害虫及线虫等有害动物,即对种子所携带的病虫害种类和数量进行检测。种子健康测定主要分为田间检测和室内检测:田间检测要掌握病虫害的发生规律,且病虫表现明显时,常用肉眼观察;室内检测是种子健康测定的主要手段,方法主要有未经培养的测定和培养后的测定。未经培养的测定包括直接测定、相对密度测定、洗涤测定、染色测定、吸胀种子测定、剖粒测定、X 射线测定等。培养后的测定包括吸水纸法、砂床法、琼脂皿法等。

本实训主要介绍室内检测的常用方法。

三、实训材料、仪器用具与试剂

1. 材料

玉米、大豆、小麦、水稻等主要作物种子。

2. 仪器用具

显微镜、振荡器或摇床、白搪瓷盘、盖玻片、载玻片、玻璃培养皿、刀片、锥形瓶、吸水纸、离心管、铜丝网、吸管、纱布、放大镜、砂石等。

3. 试剂

0.5% 氢氧化钠溶液、1% 碘化钾溶液、1% 高锰酸钾溶液、润滑剂、双蒸水、2% 碘溶液、1% 次氯酸钠溶液、氯化钠饱和溶液、含 0.01% 硫酸链霉素的麦芽糖或马铃薯葡萄糖琼脂培养基等。

四、实训方法与步骤

(一)未经培养的种子健康测定

1. 直接检查

适用于病原体较大或种子外部有明显症状的病虫害。

(1)从送验样品中分出一半种子称重,作为试样。将其倒在白搪瓷盘内,把种子外面的成虫及幼虫取出。若在温度较低的冬季,应先将样品放在 18~25 ℃的保温箱内保温 20~30 min,使害虫恢复活力后再行检验;

(2)随机从试样中取 1 000 粒种子,用放大镜逐粒观察,拣出害虫侵害过的种子并计数。

按下列公式计算虫害种子率及害虫含量。

$$虫害种子率 = 虫害种子粒数/供检种子粒数 \times 100\%$$
$$害虫含量(头/kg) = 害虫头数/试样质量 \times 1\,000$$

2. 洗涤检查

洗涤检查主要用于检测颖壳上的病原线虫或种子表面附着的病菌孢子。

(1)分取 2 份送验样品,每份 5 g,分别放入 100 mL 三角瓶内,然后加入 10 mL 无菌水,再加入 0.1% 润滑剂(磺化二羧酸酯)。

(2)置于摇床或振荡器上振荡,粗糙种子振荡 10 min,光滑种子振荡 5 min。

(3)将洗涤液移入离心管内进行离心(1 000 ~ 1 500 r/min,3 ~ 5 min),然后将上清液吸去,沉淀部分留 1 mL,稍加振荡。

(4)将悬浮液用干净的细玻璃棒分别滴于 5 片载玻片上,盖上盖玻片,先用低倍镜找到物象,最后用高倍镜观察。每个载玻片检查 10 个视野,计算每个视野的平均孢子数,进而可计算病菌孢子负荷量,计算公式为

$$M = m_1 \times m_2 \times m_3/m_4$$

式中,M 为每克种子的孢子负荷量,m_1 为每个视野平均孢子数,m_2 为盖玻片面积上的视野数,m_3 为 1 mL 水的滴数,m_4 为供试样品的质量。

3. 剖粒检查

(1)称取试验样品。中粒种子如小麦等称取试验样品 5 g,大粒种子如玉米、豌豆等称取试样 10 g。

(2)用刀将种子的被害或可疑部分剖开,检查虫害并计数,计算虫害率。

4. 过筛检查

(1)将送验样品分出一半作为试验样品,称重。

(2)在实验台上铺一大块塑料布,用筛孔为 1.5 mm 的筛子对试样进行筛选,将落在塑料布上的混合物放在光滑的黑纸上。然后将留在筛孔上的种子倒在 2.5 mm 孔径的筛子上再次进行筛选,将落在塑料布上的混合物放入白搪瓷盘里。

(3)肉眼或用放大镜观察,将光滑的黑纸上和白瓷盘里的害虫详细计数,并计算每千克种子害虫的头数及虫害种子百分率,计算方法同直接检查。

5. 高锰酸钾染色法检查

此法适用于检测隐蔽的谷象、米象。

(1)取小麦或水稻试样 15 g,除去杂质,用纱布包好或放入铜丝网中,在 30 ℃ 的清水中浸泡 1 min,然后移入 1% 的高锰酸钾溶液中染色 1 min。

(2)用清水洗涤后,放在白色滤纸或吸水纸上,借助放大镜逐粒检查,若发现种子表面有直径为 0.5 mm 的斑点,即为害虫感染的籽粒,据此可计算害虫含量。

6. 相对密度检查

(1)饱和食盐溶液的配制:称取 35.9 g 食盐,溶于 1 000 mL 蒸馏水中。

(2)称取 100 g 试样,除去杂质,倒入饱和食盐溶液中,搅拌 10 ~ 15 min 后静置 1 ~ 2 min,将悬浮在上层的种子取出,结合剖粒检查,计算害虫含量。

(二)培养后的种子健康测定

试验样品经过一定时间培养后,检查种子内外部和幼苗上是否存在病原菌或其症状。

根据培养基不同,测定方法分为吸水纸法、琼脂皿法和砂床法 3 类,下面介绍前两种方法。

1. 吸水纸法检测水稻稻瘟病

(1)随机取试验样品 400 粒,25 粒为一组,重复 16 次。

(2)在培养皿内放入吸水纸,并润湿至饱和,将每组种子分别放入培养皿内,于 22 ℃条件下交替周期(12 h 黑暗和 12 h 近紫光照)培养 7 d。

(3)用放大镜(12~50 倍)逐粒检查稻瘟病的分生孢子。

鉴别依据:分生孢子灰色至绿色、分布在颖片上、小而不明显、成束地着生在分生孢子梗的顶端,菌丝覆盖整粒种子。显微观察(进一步核实)可知典型的分生孢子是透明、倒梨形,基部钝圆具有短齿,分两隔,通常具有尖锐的顶端。

2. 琼脂皿法检测小麦颖枯病

(1)随机取试验样品 400 粒,10 粒为一组,重复 40 次。

(2)制备含 0.01% 硫酸链霉素的麦芽糖或马铃薯左旋糖琼脂的培养基若干。

(3)将各组种子用 1%(m/m)次氯酸钠消毒 10 min,用无菌水洗涤后置于制备好的培养基内培养 7 d(20 ℃黑暗环境)。

(4)用肉眼观察每粒种子上圆形菌落的情况,该病菌菌丝体为白色或乳白色,通常稠密地覆盖着被感染的种子。菌落背面为褐色或黄色,并随其生长颜色变深。

五、注意事项

1. 注意保持试验样品表面的清洁。
2. 严格进行试验样品的消毒处理。

六、实训结果与分析

以供检样品感染种子的比例或样品质量中病原体的数目表示结果。把结果填报在种子检验报告"其他项目测定"栏目内,写明病原菌的拉丁学名,并说明所用的检测方法及用于检验的样品数量和所用的预措方法。

七、思考题

1. 简述种子健康测定的意义。
2. 简述种子健康测定的田间检验方案。

实训项目十 种子千粒重测定

一、实训目的

1. 掌握国家标准中规定的 3 种千粒重的测定方法。
2. 熟悉自动数种仪的使用方法。
3. 进一步了解种子千粒重与种子质量的关系。

二、实训原理

农业生产上,种子质量测定通常指千粒重的测定。千粒重是指国家标准规定水分的 1 000 粒种子的质量,以克(g)为单位。千粒重是正确计算种子播种量的必要依据,也是种子活力的重要指标之一。

三、实训材料与仪器用具

1. 材料

玉米、小麦、大豆、水稻、西瓜等种子。

2. 仪器用具

电子天平(感量为 0.1 g、0.01 g、0.001 g)、电子自动数种仪、镊子、小刮板等。

四、实训方法与步骤

1. 分取试验样品

将净度分析后的全部净种子混合均匀,用四分法分出一部分作为试验样品。

2. 测定方法

(1)千粒法

用数种仪或徒手从送验样品中随机取样品,中小粒种子 1 000 粒,大粒种子 500 粒,重复 2 次,并称重。质量保留小数位数与《农作物种子检验规程 净度分析》(GB/T 3543.3—1995)的规定相同。

若两个重复的质量差与平均数之比小于或等于 5%,则取平均值作为所测千粒重结果;若超过 5%,则应再分析第三个重复,直至达到规定要求,最后取差距最小的两个重复计算测定结果。

(2)百粒法

用数粒仪或徒手从试验样品中随机取 100 粒种子为一组,共计 8 个重复,分别称重,小数位数与千粒法要求相同。计算 8 个重复的平均质量、标准差(S)及变异系数。

$$S = \frac{n(\sum X^2) - (\sum X)^2}{n(n-1)}$$

式中,X 为各重复的质量(g),n 为重复次数。

$$变异系数 = \frac{S}{\overline{X}} \times 100$$

式中,S 为标准差,$\overline{X}$ 为100粒种子的平均质量。

通过计算,若种子的变异系数不超过4.0,而带有稃壳的禾本科种子变异系数不超过6.0,则可按测定结果计算千粒重。

若变异系数不符合上述限定,应再重新测定8个重复,最终计算16个重复的标准差。凡与平均数之差超过两倍标准差的重复略去不计,将剩下的各重复的平均质量乘以10,即得种子千粒重。

(3)全量法

用数种仪数取全部试验样品,记下计数器上所示的种子数,并将其称重,小数位数与《农作物种子检验规程 净度分析》(GB/T 3543.3—1995)的规定相同。

3. 结果报告

(1)若采用全量法测定,则将整个试验样品质量换算成1 000粒种子的质量。

(2)若采用百粒法测定,则将8个或8个以上的每个重复的平均质量,换算成1 000粒种子的平均质量。

按照实测千粒重和实测水分,依据 GB 4404~4409 和 GB 8079~8080 种子质量标准规定的种子水分,折算成规定水分的千粒重。计算方法为

千粒重(规定水分,g) = 实测千粒重(g)[1 - 实测水分(%)]/[1 - 规定水分(%)]

记录3种方法测定种子千粒重的原始数据,填报种子质量测定结果,并换算成国家标准规定水分的种子千粒重。

五、注意事项

国际检验规程中常用的方法为百粒法,但因其计算烦琐,所以应用不多。我国一般用千粒法。

六、实训报告

1. 报告所检测种子的千粒重结果(需要提供原始数据)。
2. 写出所用方法的计算过程。

七、思考题

1. 阐述种子千粒重测定的意义。
2. 千粒重测定为什么要进行水分校正?

实训项目十一　田间检验

一、实训目的

1. 了解田间检验的概念及目的。
2. 掌握田间检验的基本程序。
3. 掌握田间检验的时期、检验内容、样点分布和取样方法等。

二、实训原理

为了使种子繁殖过程中的品种真实性得以保证、品种纯度得以保持,必须通过一套鉴定程序、方法和技术来监控种子繁殖过程中的种子质量。田间检验就是其中程序之一,通过检验,可以保证残余分离、机械混杂、变异、不适宜花粉授粉和其他不可预见因素等现象不会严重影响种子质量。为此,我国已制定共同遵守的农作物田间检验规程,以便能获得具有一定准确度和重演性、又在资源允许范围内能操作的技术方法。

田间检验是指在种子生产过程中,在田间对品种的真实性和纯度分别进行验证和评估,同时对作物的生长状况、异作物、杂草等进行调查,并确定其与特定要求符合性的一种检验活动。田间检验具有如下作用:一是检查制种田的隔离情况是否符合规定要求,可防止由于外来花粉污染造成生物学混杂现象,检查种子生产技术尤其是去雄、去杂的落实情况;二是检查作物的田间生长情况,特别是父母本的花期能否相遇,确保杂交质量;三是对品种的真实性和纯度分别进行检查和鉴定,判定生产田的种子质量是否符合要求,以减少品种纯度不合格对农业产生的不良影响;四是可为种子质量认证提供实际依据。

三、实训材料

水稻、玉米作物等大田用种子。

四、实训方法与步骤

(一)基本情况调查

1. 了解情况和检查标签

通过检查并与生产者面谈,全面了解以下基本内容:种子申请者姓名、种子批号、作物品种、类别(等级)、农户姓名和联系方式、种子田位置、种子田编号、田块号码、面积、前茬作物情况及种子标签或品种证明书(验证真实性)等。

2. 隔离情况的检查

检验员根据生产者提供种子田和周边田块的地图,绕种子田外圈行走,核查隔离情况。隔离距离应达到标准规定的最低距离,检验员应该观察种子田和周围田块的自生苗、其他作物或杂草,这也可能是污染的花粉源。

如果隔离距离达不到标准规定要求,检验员必须要求生产者在开花前全部或部分破坏混杂花粉源使该田块符合要求,或淘汰达不到隔离条件的部分田块。

3. 种子田状况的检查

对种子田的状况进行总体评价,其结果将决定品种纯度详细检查的必要性。在检查种子田总体状况时,检验员应详细检查田间,特别是四周情况,必须仔细观察这样一些迹象:部分田块播有不同的种子或可能已被污染,如边界或田间入口处;对田块播种开始的地方进行检查可以发现播种机械在使用前是否经过清洁;同时还须特别注意种子田中其他作物品种、杂草种种传病害与污染花粉源隔离的情况。已经长满杂草、严重倒伏,以及由于病虫或其他原因导致生长不良或生长受阻的种子田应该被淘汰,不能对其品种纯度进行评定。若田间状况处于无法辨别的中间状态时,应使用小区种植鉴定,鉴定得出的结果证据可作为田间检验的重要补充信息。

4. 品种真实性的检查

检验员在进行周围隔离情况的检查时,通常围绕种子田走一圈,检查株或穗的数量不少于 100 个,确保与官方给定描述的品种特征特性相符。

(二)详细检查品种的纯度

1. 取样

(1)田间检验时期的确定

田间检验应该在品种特征特性表现最明显的时期进行。一般主要大田作物可分为苗期、开花期(抽穗期、现蕾期、穗花期或薹花期)和成熟期三个阶段,具体可参照表 11 - 1。

表 11 - 1　主要大田作物品种纯度田间检验时期

作物种类	检验时期			
	第一阶段		第二阶段	第三阶段
	时期	要求	时期	时期
水稻	苗期	出苗 1 个月内	抽穗期	蜡熟期
小麦	苗期	拔节前	抽穗期	蜡熟期
玉米	苗期	出苗 1 个月内	抽穗期	成熟期
花生	苗期	2～3 片真叶	开花期	成熟期
棉花	苗期	10 片以上真叶	现蕾期	结铃盛期
谷子	苗期	10 片以上真叶	穗花期	成熟期
大豆	苗期	2～3 片真叶	开花期	结实期
油菜	苗期	10 片以上真叶	薹花期	成熟期

(2)样区频率的确定

为了评定品种纯度,必须遵循取样程序,即集中在种子田小范围(即样区)进行详细检查。样区数目和大小应与种子田作物种和生产类别所规定的最低品种纯度标准相联系,一般来说,如果规定的标准为 $1/N$,样本大小应为 $4N$,则品种纯度最低标准为 99.9%(即 1/1 000),其样本大小应为 4 000。具体参见表 11 – 2。

表 11 – 2 种子田最低样区频率

面积/hm²	最低样区频率/个		
	生产常规种	生产杂交种	
		母本	父本
<2	5	5	3
3	7	7	4
4	10	10	5
5	12	12	6
6	14	14	7
7	16	16	8
8	18	18	9
9 ~ 10	20	20	10
>10	在 20 基础上,每公顷①递增 2	在 20 基础上,每公顷递增 2	在 10 基础上,每公顷递增 1

(3)样区大小的确定

样区的大小和模式取决于被检作物、田块大小、是行播还是撒播、是自交还是异交,以及种子生长的地理位置等因素,可选择不同的样区模式。

对于大于 10 hm² 的禾谷类种子田,最好采用大小为 1 m 宽、20 m 长,样区面积 20 m²,与播种方向成直角的样区。对于面积较小的常规种,每个样区至少含 500 株。对于其他种,不管在任何地方,只要可能,尽量采用这一模式。对于撒播作物,可能要减少每个样区的大小,以保证检查总株数不超过统计上对给定品种纯度较好估测的要求。对于生产杂交种的种子田检验,可将父母本行视为不同的"田块",由于父母本的品种纯度要求不同,应分别检查每一"田块",并分别报告母本和父本的结果。对于宽行距种植的种子田如玉米,父母本的品种纯度(去雄和雄性不育)依据与官方描述的特征特性必须通过行或条核查植株,而不是用样区来检查。母本的雄性不育水平也必须进行评定。

在决定应检查多少样区时,应权衡统计精确度要求、结果所需的一定可信度和在有限检验时间内进行检验的可行性关系。这可能涉及赞成降低可以接受的工作量和增加得出错误结果决定风险的折中方案。一般来说,往往偏向于接受品种混杂物水平超过规定标准的种子田,而做出这样判定是可行的,因为制定的品种纯度标准通常高于商品种生产。对于禾谷类面积少于 10 hm² 的种子田,检查 10 个样区,由于每个样区平均包含 500 穗,样区的总穗数达 5 000。面积大于 10 hm² 的种子田,每个样区 20 m² 的数目应随着面积增加。田间检验员至少用检查常规育成品种二倍的时间检查杂交种子田。一般来说,样区数目随着田块大小成比例增加。由于原种种子田的高标准,这些高标准类别的种子田比认证种子应

① 1 公顷 = 10 000 平方米。

检查更多的株数。

检验员应获得相应样区鉴定结果,如果非典型株在种子田中得到证实,即种子田中有非典型株,而样区种植鉴定中没有观察到,必须记录和考虑这些非典型株,以决定接受或拒绝该田块。

(4)样区分布的确定

凡符合同一品种、同一来源、同一繁殖世代、同一栽培条件的相连田块可划分为一个检验区。取样样区的位置应该覆盖整个田块,同时要考虑田块形状和大小、每一作物的特定特征。取样样区分布应是随机的和广泛的,确保能代表整个种子田,不能主观选择比平均水平好或坏的样区。在实际过程中,为了做到这一点,往往预先决定样区间的距离,还应考虑播种方向,这样每个样区应尽量有不同的种子播种方向。具体可参照图 11 – 1。

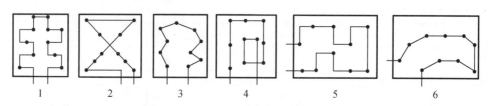

1—双十字循环法(观察 75% 的田块);2—双对角循环法(观察 60%~70% 的田块);3—随机路线法;
4—顺时针路线;5—双槽法(观察 85% 的田块);6—悬梯法(观察 60% 的田块)。

图 11 – 1 取样时样区的分布路线(. 代表取样点)

2.分析检查

取样完成后,田间检验员应沿着样区的预定方向缓慢前进,常常是设置样点和检验同步进行,直接在田间完成分析鉴定。要提前熟悉供检品种的特征特性,然后逐株观察。应借助已建立的品种间相互区别的特征特性进行检查,以鉴别被测品种与已知品种特征特性的一致性。鉴定品种真实性和纯度时宜采用主要性状来评定。当仅采用主要性状得出结论困难时,可使用次要性状辅助鉴定。检验时沿着行向前进,以背光行走为宜,应避免在阳光强烈或不良的天气下进行检查,在大雨中检查更无意义。分别记载本品种、异品种、异作物、有害杂草、感染病虫株数,并计算百分率。

3.结果计算与表示

检查完毕,将各点检验结果汇总,求出各个样区观察值的平均值,结果可以用百分率或面积表示。

(1)计算品种纯度

①淘汰值

淘汰值是在考虑种子生产者利益和有较少失误的基础,把在一个样本内观察到的变异株数与标准进行比较,做出符合要求的种子批或淘汰该种子批的决定。不同规定标准与不同样本大小的淘汰值见表 11 – 3,如果变异株大于或等于规定的淘汰值,就应淘汰该种子批。

对于品种纯度高于 99.0% 或每公顷低于 1 000 000 株或穗的种子田,需要采用淘汰值。判断原种和育种家种子是否符合要求,也可利用淘汰值确定。

表11-3　总样区面积为200 m² 在不同品种纯度标准下的淘汰值

估计群体（每公顷植株或穗）	200 m² 样区的淘汰值				
	品种纯度标准				
	99.9%	99.8%	99.7%	99.5%	99.0%
60 000	4	6	8	11	19
80 000	5	7	10	14	24
600 000	19	33	47	74	138
900 000	26	47	67	107	204
1 200 000	33	60	87	138	—
1 500 000	40	73	107	171	—
1 800 000	47	87	126	204	—
2 100 000	54	100	144	235	—
2 400 000	61	113	164	268	—
2 700 000	67	126	183	298	—
3 000 000	74	139	203	330	—
3 300 000	81	152	223	361	—
3 600 000	87	165	243	393	—
3 900 000	94	178	261	424	—

要查出淘汰值，应计算群体株（穗）数。对于禾谷类等行播作物通常采取数穗而不数株的方法，可应用以下公式计算每公顷植株（穗）数。

$$P = 1\ 000\ 000\ M/W$$

式中　P——每公顷植株（穗）总数；

　　　M——每个样区内1 m 行长的株（穗）数的平均值；

　　　W——行宽（cm）。

对于撒播作物，则计数0.5 m² 面积中的株数。撒播每公顷群体可应用以下公式计算。

$$P = 20\ 000 \times N$$

式中　P——每公顷植株（穗）数；

　　　N——每样区内0.5 m² 面积的株（穗）数的平均值。

根据群体数，从表11-3查出相应的淘汰值。将各个样区观察到的杂株相加，与淘汰值比较，做出接受还是淘汰种子田的决定。如果200 m² 样区内发现的杂株总数等于或超过表11-3估计群体和品种纯度的给定数目，就可淘汰种子田。

②杂株（穗）率

对于品种纯度低于99.0%或每公顷超过1 000 000株（穗），因为需要计数的混杂株数目较大，以致估测值和淘汰值相差较小而可以不考虑，因此没有必要采用淘汰值。这时直接采用以下公式计算杂株（穗）率，并与标准规定的要求相比较。

杂株率＝样区内的杂株（穗）数/（样区内供检本作物株（穗）数＋杂株（穗）数）×100%

（2）计算其他指标

$$异作物率 = \frac{异作物株（穗）数}{供检本作物总株（穗）数 + 异作物株（穗）数} \times 100\%$$

$$杂草率 = \frac{杂草株（穗）数}{供检本作物总株（穗）数 + 杂草株（穗）数} \times 100\%$$

$$病（虫）感染率 = \frac{感染病（虫）株（穗）数}{供检本作物总株（穗）数 + 感染病（虫）株（穗）数} \times 100\%$$

对于杂交制种田，应计算母（父）本杂株散粉株及母本散粉株。

$$母本散粉株率 = \frac{母本散粉株数}{供检母本总株数} \times 100\%$$

$$母（父）本散粉杂株率 = \frac{母（父）本散粉杂株数}{供检母（父）本总株数} \times 100\%$$

4. 填写田间检验报告

检验完成后，应及时填写检验报告。

五、注意事项

1. 对于长满杂草、严重倒伏而难以检查的种子田或由于病虫等其他原因导致生长不良或生长受阻的种子田，因没有鉴定价值，建议淘汰。若种子田难以判定，则可用小区鉴定作为补充来做进一步鉴定。

2. 若品种混杂严重，则只需检查两个样区，然后取其平均值来推算群体情况，查出淘汰值。若杂株已经超过淘汰值，则直接将种子田淘汰即可；若结果小于淘汰值，则按原方案继续检查所有样区。这种情况只适合品种纯度的检查。

3. 当杂株被检验品种相似度很高的情况下，可能导致杂株仅在个别样区被发现，则表明正常的检查程序不是非常适宜，只有非常仔细检查穗部才可行。

六、实训报告（田间检验报告）

田间检验完成后，检验员应按规定格式填报田间检验报告，田间检验报告应包括以下三方面内容：基本情况、检验结果及田间检验员签署意见。其中签署意见有三种情况：第一，所有检查结果均符合标准要求，则通过检验；第二，部分不符合要求，但通过整改后能达到要求的，则签署整改建议；第三，若经过整改后仍不符合标准要求，则淘汰被检验种子田。农作物常规种田间检验结果单见表 11 – 4，农作物杂交种田间检验结果单见表 11 – 5。

表 11 – 4　农作物常规种田间检验结果单

	繁种单位			
	作物名称		品种名称	
	繁殖面积		隔离情况	
	取样点数		取样总株（穗）数	
田间检验结果	品种纯度（%）		杂草率（%）	
	异品种率（%）		病虫感染率（%）	

表 11 - 4(续)

	异作物率(%)			
田间检验结果 建议或意见				

检验单位(盖章)：　　　　检验员：　　　　检验日期：　　年　月　日

表 11 - 5　农作物杂交种田间检验结果单

	繁种单位			
	作物名称		品种(组合)名称	
	繁殖面积		隔离情况	
	取样点数		取样总株(穗)数	
田间检验结果	父本杂株率(%)		母本杂株率(%)	
	母本散粉株率(%)		异作物率(%)	
	杂草(%)		病虫感染率(%)	
田间检验结果 建议或意见				

检验单位(盖章)：　　　　检验员：　　　　检验日期：　　年　月　日

七、思考题

1. 为什么要进行田间检验？
2. 田间取样方法有哪些？

第三篇　种子化学成分的测定实训

实训项目十二　种子平衡水分的测定

一、实训目的

1. 了解种子平衡水分测定的意义,了解各种作物种子在不同的相对湿度下和不同种类种子在同一相对湿度下的种子平衡水分特性。

2. 掌握平衡水分测定的方法。

二、实训原理

粮油种子曝露于特定环境中,经过一定时间后的最终含水量即为种子平衡水分。盐的浓度在一定温度下是固定的。当一种饱和盐溶液在密闭的容器内部达到平衡状态时,液面上方的水蒸气分压值保持恒定不变,即相对湿度固定,因而通过适当地选择不同种类的盐就能获得不同的相对湿度。利用密闭容器内饱和盐溶液获得不同的相对湿度,连续、周期性地根据称重来测定种子的水分含量变化,据此判断是否达到平衡水分,再通过平衡水分,可以求出种子的临界水分和种子的安全贮藏水分。

三、实训材料、仪器用具与试剂

1. 材料

水稻、大豆、玉米、小麦等作物种子。

2. 仪器用具

恒温箱、小型铁丝框、1 000 mL 广口玻璃容器(或干燥器)、量筒。

3. 试剂

$MgCl_2$、$NaCl$、Na_2CO_3、$CuCl_2$、K_2CO_3、KCl 等。

四、实训方法与步骤

实验采用如图 12 – 1 所示装置,广口、有密封塞的玻璃容器中盛有约 250 mL 饱和盐溶液。

1. 取 9 份相同的种子,每份 40 g,分别装入小型网袋。

2. 配制含量分别为 29.25%、26.25%、23.50%、20.25%、17.75%、11.75% 的硫酸溶液,以及氯化锂、醋酸钾、硫酸钾等饱和溶液(见表 12 – 1)。

3. 将步骤 2 中的 9 种溶液各取 250 mL 分别放入广口、有密封塞的玻璃容器中,以便调配不同的相对湿度。

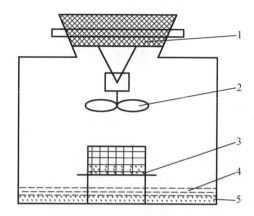

1—密封塞;2—风扇;3—试材;4—饱和盐溶液;5—过剩盐。

图 12 – 1　实验装置示意图

表 12 – 1　20 ℃时不同溶液的相对湿度

溶液		相对湿度/%
饱和溶液	氯化锂(LiCl·H$_2$O)	12.4
	醋酸钾(KC$_2$H$_3$O$_2$)	23.2
	硫酸钾(K$_2$SO$_4$)	97.2
硫酸溶液/%	29.25	35
	26.25	47
	23.50	57
	20.25	68
	17.75	76
	11.75	88

4. 把装有种子的小型网袋悬空放入该装置,塞上密封塞,然后将该装置置于 20 ℃(温度精度在 ±1.0 ℃)的恒温箱(室)中定期观察,于 1 周后反复称重,直至恒重(平衡前后两次连续称重之差小于 2 mg)。

5. 用烘干(105 ℃烘箱)减重法测定种子水分,然后以种子水分为纵坐标,相对湿度为横坐标,绘制曲线图,并计算出临界水分。吸湿平衡曲线上第一个转折点是第一层水与第二层水的界限,第二个转折点是第二层水与多层水的界限,两个转折点的 1/2 处为束缚水与自由水的界限,即为临界水分。

也可通过表 12 – 2 配制不同的盐饱和溶液,置于 10 ~ 35 ℃的人工气候箱内(温度精度为 ±0.9 ℃)来控制试样环境的相对湿度。其他的测定方法同上。

表 12－2　9 种饱和盐溶液产生的平衡相对湿度（ERH）

饱和盐溶液	10 ℃	15 ℃	20 ℃	25 ℃	30 ℃	35 ℃
氯化钾	11.29	11.30	11.31	11.30	11.28	11.25
醋酸钾	23.38	23.40	23.11	22.51	21.61	21.50
氯化镁	33.47	33.3	33.07	32.78	32.44	32.05
碳酸钾	43.14	43.15	43.16	43.16	43.17	43.16
硝酸镁	57.36	55.87	54.38	52.89	51.4	49.91
氯化铜	68.4	68.4	68.3	67.0	66.5	66.0
氯化钠	75.67	75.61	75.47	75.29	75.09	74.87
氯化钾	86.77	85.92	85.11	84.34	83.62	82.95
硝酸钾	95.96	95.41	94.62	93.58	92.31	90.79

五、注意事项

1. 本法适用于低水分种子样品,简单易行,但需较长时间才能达到水分平衡,不适用于高水分种子样品,时间长易发霉。

2. 在密封的广口容器内放置一个小型电扇,可加快水分平衡进程,但易导致平衡水分的测定结果偏低,且实验成本也较高。

六、实训报告

1. 以种子含水量为纵坐标,以空气相对湿度为横坐标,将 9 种不同含水量的数据做成一条种子平衡水分与空气相对湿度的关系曲线（20 ℃）。根据此吸湿平衡曲线可查出在任意相对湿度下,该作物种子的平衡水分。

2. 根据吸湿平衡曲线,求出不同种子的临界水分。

七、思考题

1. 说明测定种子平衡水分有何意义?

2. 如何根据种子的含水量与平衡水分之间的关系进行仓储管理?

实训项目十三　种子中蛋白质含量的测定

一、实训目的

1. 了解种子中蛋白质含量测定的意义。
2. 了解测定种子中蛋白质的原理及操作方法,掌握考马斯亮蓝法。

二、实训原理

考马斯亮蓝 G – 250 是一种染料,在游离状态下呈红色,在波长 465 nm 处有最大光吸收。它能与蛋白质以范德瓦耳斯力稳定结合,变为青色,在波长 595 nm 处有最大光吸收,在一定蛋白质浓度范围内(0 ~ 1 000 μg/mL),蛋白质与染料结合符合比尔定律,在波长 595 nm 下的光吸收与蛋白质含量成正比。

三、实训材料、仪器用具与试剂

1. 材料

小麦、玉米、水稻、大豆等作物种子。

2. 仪器用具

离心机、分光光度计、容量瓶(50 mL)、移液管、带刻度试管(10 mL)、量筒、研钵等。

3. 试剂

(1)1 mg/mL 牛血清白蛋白标准溶液

称取牛血清白蛋白 100.00 mg,溶于 100 mL 蒸馏水中,配制成标准蛋白质溶液。

(2)0.01% 考马斯亮蓝 G – 250 溶液

取考马斯亮蓝 G – 250 100 mg,溶于 50 mL 90% 乙醇中,加入 100 mL 85%(W/V)的磷酸,用蒸馏水定容至 1 L,过滤后,常温保存。

四、实训方法与步骤

1. 标准曲线的制作

取 6 只 10 mL 带刻度试管,分别编号 0 ~ 5,按表 13 – 1 数据配制不同浓度牛血清白蛋白标准溶液。

表 13 – 1　不同浓度牛血清白蛋白标准溶液配制

管号	0	1	2	3	4	5
1 mg/mL 牛血清白蛋白/mL	0	0.2	0.4	0.6	0.8	1
蒸馏水/mL	1	0.8	0.6	0.4	0.2	0
蛋白质浓度/($\mu g \cdot mL^{-1}$)	0	200	400	600	800	1 000

每支试管分别加入 5 mL 0.01% 考马斯亮蓝 G-250 溶液,盖塞,充分混匀,在 595 nm 波长下比色。以光密度值(OD_{595})为纵坐标、标准蛋白含量为横坐标,绘制标准曲线。

2. 样品中蛋白质的提取

取 0.1 g 种子干样品,置于研钵中,加 10 mL 磷酸盐缓冲液(pH = 7.0),充分研磨成匀浆。将研磨液无损转入离心管中,以 10 000 ×g 离心力(约 3 000 r/min)离心 10 min,收集上清液转入 25 mL 容量瓶中,残渣再用 5 mL 磷酸盐缓冲液悬浮沉淀,离心提取 2 次,合并收集上清液于容量瓶中,用磷酸盐缓冲液定容至刻度,摇匀备用。

3. 样液的测定

吸取提取液 1 mL,放入 10 mL 具塞刻度试管中,加 5 mL 0.01% 考马斯亮蓝 G-250 试剂,混匀,在 595 nm 波长下比色(空白参比液可使用标准白蛋白系列的 0 号溶液),记录 OD_{595} 值,然后根据所测 OD_{595} 值在标准曲线上查出所对应的蛋白质浓度。

4. 蛋白质含量计算

公式如下:

$$蛋白质含量(\%) = \frac{查标准曲线所得蛋白质含量(\mu g) \times \dfrac{提取液总体积(mL)}{测定时体积} \times 稀释倍数}{样品质量 \times 10^6} \times 100\%$$

五、注意事项

1. 此方法易造成较大的误差,因此要求所用器皿必须清洗干净,取样必须准确。
2. 为避免产生大量气泡,造成定容不准确,定容时蒸馏水要沿着管壁缓慢加入。
3. 混匀蛋白样品和考马斯亮蓝 G-250 的反应液后,应在 15 min ~ 1 h 内测定。
4. 每次测定样品时,都应绘制标准曲线,确保测量的准确性。

六、实训报告

绘制标准曲线,并通过计算报告所测种子的蛋白质含量。

七、思考题

1. 种子不同部位的蛋白质含量有何特点?
2. 如何确保测量结果的准确性?

实训项目十四　种子中油脂酸价和碘价的测定

一、实训目的

1. 了解酸价和碘价测定的意义。
2. 理解酸价和碘价的含义。
3. 掌握酸价和碘价测定的方法及操作，并学会分析这两个指标与种子品质的关系。

二、实训原理

种子中脂肪的酸价和碘价，是衡量种子食品质量的指标，也是代表种子生命活力和生理状态的指标。种子萌发过程中，酸价升高、碘价降低；而在种子成熟过程中，则是酸价降低、碘价升高。贮藏的种子酸价低、碘价高，表明种子品质好。因此，脂肪的酸价、碘价测定，对于种子品质的正确评价、合理加工利用及种子活力的测定，均具有重要意义。

从种子中提取出的油脂实质是游离脂肪酸和脂肪的混合物（还有微量磷脂和蜡等），二者均能溶解于有机溶剂中。脂肪与碱不能起中和反应，但游离脂肪酸能被碱所中和，反应式为 $RCOOH + KOH \longrightarrow RCOOK + H_2O$。因此，用浓度已知的氢氧化钠或氢氧化钾滴定，根据所消耗的溶液体积（mL），可以计算出油脂的酸价（含有多少游离脂肪酸）。

碘价是用来衡量脂肪酸不饱和程度的指标，碘价愈大，表示油脂的不饱和程度愈高，因此，可以利用脂肪与氯或碘（卤素）的加成反应进行测定。首先需将油脂溶入惰性溶剂如氯仿或四氯化碳溶液中，然后加入过量的韦氏碘液，使其中的氯化碘与油脂中的不饱和脂肪酸起加成反应：

$$CH_3 \cdots CH = CH \cdots COOH + ICl \rightarrow CH_3CHI - CHCl \cdots COOH$$

再加入过量的碘化钾与剩余的氯化碘作用，析出碘：

$$KI + ICl \longrightarrow KCl + I_2$$

最后以硫代硫酸钠溶液滴定释放出来的碘，与空白实验对照可求得加成碘的数量，从而计算出碘价：

$$I_2 + 2Na_2S_2O_3 \longrightarrow Na_2S_4O_6 + 2NaI$$

三、实训材料、仪器用具与试剂

1. 材料
刚从种子中提取出的油脂或提取后保存于冰箱中待测的油脂。

2. 仪器用具
分析天平、酸式滴定管（50 mL）、碱式滴定管（50 mL）、锥形瓶（150 mL）、碘价瓶或具塞锥形瓶（三角瓶）等。

3.试剂

(1)0.1 mol/L 氢氧化钾溶液。准确称取氢氧化钾 5.61 g,溶于水,定容到 1 000 mL 即可。

(2)1% 的酚酞－酒精指示剂。称取 1 g 酚酞,溶于 90 ml 95% 乙醇与 10 ml 水中。

(3)乙醇－乙醚混合液(1:1)。将乙醚与 95% 的乙醇等体积混合后,加入 1% 的酚酞指示剂 2 滴,再用 0.1 mol/L 氢氧化钾溶液滴定至微红色即可。

(4)四氯化碳或氯仿。

(5)15% 碘化钾溶液。称取碘化钾 15.0 g,加水溶解至 100 mL,贮于棕色瓶中。

(6)0.05 mol/L 硫代硫酸钠标准溶液。

(7)1% 淀粉指示剂。

(8)韦氏试剂。取两个烧杯,分别加入 7.3 g 三氯化碘和 8.7 g 纯碘,加入冰醋酸,稍微加热使其溶解,合并两液,用冰醋酸定容至 1 000 mL,贮于棕色瓶中。

四、实训方法与步骤

1.酸价的测定

(1)准确称取 3~5 g(精确至 0.001 g)待测油样混匀,置于 150 mL 三角瓶中,再加入 50 mL 乙醇－乙醚混合液,摇匀。

(2)当充分溶解待测油样后,加入 2~3 滴酚酞指示剂,混匀,然后立即用 0.1 mol/L 的氢氧化钾溶液进行滴定,至微红色 30 s 不消失为止。

(3)记下滴定所用的氢氧化钾溶液体积(mL)。若用量很少,可将氢氧化钾溶液稀释,一般稀释 2~5 倍后再滴定。

2.碘价的测定

(1)按表 14-1 精确称取油样(精确至 0.000 2 g),然后置于 250 mL 碘价瓶中,并编号做好标记,另外准备一支空瓶做空白实验。

表 14-1 油样称量表

碘价	试样质量/g	碘价	试样质量/g
20 以下	1.200 0~1.220 0	100~120	0.230 0~0.250 0
20~40	0.700 0~0.720 0	120~140	0.190 0~0.210 0
40~60	0.470 0~0.490 0	140~160	0.170 0~0.190 0
60~80	0.350 0~0.370 0	160~180	0.150 0~0.170 0
80~100	0.280 0~0.300 0	180~200	0.140 0~0.160 0

(2)向样品瓶和空瓶中分别加入四氯化碳(或氯仿)各 10 mL,立即振荡混匀,使油样充分溶解,然后分别准确加入韦氏试剂 25 mL(要特别注意加入试剂的速度不宜太快,一般在 2 min 左右完成即可,且每次加入速度要保持一致)。盖紧瓶盖后摇匀,放置于 20 ℃ 的黑暗处约 30 min,若碘价值超过 130,则放置时间可延长至 60 min,必须确保加成反应完全。

(3)上述反应完成后,分别向各瓶加入 20 mL 15% 的碘化钾溶液和蒸馏水 100 mL,充分混匀后,用 0.05 mol/L 的硫代硫酸钠进行滴定,当溶液颜色由棕红色变成淡黄色时,加入 1% 的淀粉指示剂 1 mL,再继续滴定至蓝色消失为止。

（4）记下滴定试样样品瓶和空白实验所耗用 0.05 mol/L 硫代硫酸钠标准溶液的体积（mL）。

五、注意事项

1. 一般通过种子提取后的油脂深浅可判断酸价的高低,因此在测定深色油脂时,可适当减少试样用量,或增加混合溶剂的用量。

2. 酚酞作为指示剂时,以 30 s 颜色不消失为终点。

3. 碘瓶必须清洁、干燥,若油中含有水分,会导致反应不完全。

4. 接近滴定终点时,容易滴加过头或不足,应注意用力摇动锥形瓶。

六、实训报告

1. 计算所测种子的酸价

$$酸价（mg\ KOH/g\ 油）= V \times N \times 56.11 / W$$

式中　V——滴定时所消耗氢氧化钾溶液的体积（mL）；

　　　N——氢氧化钾溶液的摩尔浓度；

　　　56.11——氢氧化钾的相对分子质量；

　　　W——试样重（g）。

注意：两次实验允许差不超过 0.2 mg KOH/g 油。

2. 计算所测种子的碘价

$$碘价（g\ 碘/100\ g\ 油）=（V_2 - V_1）\times N \times 0.129\ 6 \times 100 / W$$

式中　V_2——滴定空白实验所用 0.05 mol/L $Na_2S_2O_3$ 标准液体积（mL）；

　　　V_1——滴定样品所用 0.05 mol/L $Na_2S_2O_3$ 标准液体积（mL）；

　　　N——$Na_2S_2O_3$ 溶液的浓度（mol/L）；

　　　0.129 6——1/2 I_2 的毫摩尔质量（g/mmol）；

　　　W——样品质量（g）。

两次平行实验的允许差应控制在如下范围：碘价在 100 以下者,允许差值不超过 0.6,碘价超过 100 者允许差值不超过 1。

七、思考题

1. 种子在萌发和成熟过程中酸价和碘价是如何变化的,为什么？

2. 种子中的"哈气"和"苦味"是如何产生的,怎样避免？

实训项目十五　种子中粗脂肪含量的测定

一、实训目的

1. 了解种子中粗脂肪含量的测定意义。
2. 掌握粗脂肪测定的方法。
3. 会分析粗脂肪含量与种子品质间的关系。

二、实训原理

根据相似相溶原理,种子中的脂类应易溶于某些溶剂,因此可用石油醚或乙醚等有机溶剂进行提取,然后测定。提取的物质中,除脂肪外还含有磷脂、脂肪酸、芳香油、有机酸、色素、蜡及植物固醇等,并且它们也能溶于有机溶剂中,所以称为粗脂肪。在油脂种子和胚中,占提取物主要部分的是油脂。本实训主要借助索氏脂肪抽提器,对样品进行循环抽提,最后对提取的粗脂肪进行称重。

三、实训材料、仪器用具与试剂

1. 材料
大豆、小麦、玉米、花生等作物种子。
2. 仪器
恒温箱、分析天平、索氏脂肪抽提器、恒温水浴锅、干燥器、粉碎机、研钵、滤纸筒(直径22 mm×100 mm)、40 目的铜丝筛(孔径0.42 mm)等。
3. 试剂
石油醚或无水乙醚(化学纯)。

四、实训方法与步骤

1. 选取并制备试样
选取具有代表性的种子,去除杂质,按照四分法进行缩减取样。试样选取和制备完毕后,立即将其混合均匀,并装入磨口瓶,备用。种子(小粒)如油菜籽、芝麻等,不得少于25 g的取样量。种子(大粒)如花生仁、大豆等,则不得少于30 g取样量。大豆需要经(105±2)℃烘干,放置1 h后粉碎,并通过40目筛;花生仁切碎。带壳油料种子,例如向日葵籽、蓖麻籽、花生果等,取样量不得少于50 g,然后逐粒剥壳,分别称重,算出仁率,再切碎籽仁。
2. 测定试样
(1)称量两份备用的试样(每份试样2~4 g,视样品的脂肪含量而定,含油0.7~1 g),

称量精确至 0.001 g。将其置于 103~107 ℃的烘箱中,干燥 1 h 后取出,放入干燥器内冷却至室温,进行试样的水分测定。

(2)在研钵内将放入的试样研细,必要时可加适量的纯石英砂助研,试样研细后,用药匙将其移入至干燥的滤纸筒内,同时,取少量蘸乙醚的脱脂棉将研钵抹净,研锤和药匙上的试样和油迹都放入滤纸筒内[大豆已预先烘烤粉碎(NY/T 4—1982),可直接称样装筒],在试样面层塞以脱脂棉,以防止漏撒,然后在抽提管内放入滤纸筒。

(3)在装有浮石(2~3 粒)且已烘至恒重的、洁净的抽提瓶内,加入约占瓶体 1/2 体积的无水乙醚,连接抽提器各部分,打开冷凝水流,在水浴条件下进行抽提。将水浴温度调节至 70~80 ℃,使冷凝下滴的乙醚速率为 180 滴/min。一般需要 8~10 h 的抽提时间,如果作物种子含油量较高,应适当延长抽提时间,至抽提器流出的溶剂蒸发后无油滴为止(滤纸实验无油迹时为抽提终点)。

(4)抽提环节完成后,将滤纸筒从抽提管中取出,连接好抽提器,将抽提瓶中的乙醚在水浴上蒸馏回收,然后取下抽提瓶,用沸水浴的方式蒸去残余的乙醚。

(5)将盛有粗脂肪的抽提瓶放入 103~107 ℃的烘箱中烘干 1 h,然后在干燥器中经过 45~60 min 的冷却至室温后称重,数值精确至 0.000 1 g,再进行烘干 30 min,冷却,称重,直至恒重。抽提瓶增加的质量即为粗脂肪质量,抽出的油应是清亮无混浊,否则应重做。

3. 计算

$$粗脂肪(干基,\%) = 粗脂肪质量/[试样质量 \times (1 - 含水量)] \times 100\%$$
$$带壳油料种子粗脂肪(\%) = 籽仁粗脂肪(\%) \times 出仁率(\%)$$

测定结果保留两位小数;测定结果的差值,大豆不得超过 2%,油料作物种子不得超过 1%。

五、注意事项

1. 索氏脂肪抽提器不能直接用火加热。连接索氏脂肪抽提器的接口不能抹凡士林以防漏气,紧接磨口即可。

2. 用滤纸检测提取是否完成时,可在滤纸上滴加冷凝管中的流出提取液,待溶剂蒸发后,滤纸上无透明油斑,提取即告完成。

3. 乙醚是一种神经麻醉剂,粗脂肪的抽提一定要在通风橱中进行。

六、实训报告

计算所检测种子中粗脂肪的含量,并做简要分析。

七、思考题

1. 影响种子中粗脂肪含量测定的因素有哪些?
2. 粗脂肪含量与种子含水量有何相关性?

实训项目十六 种子中维生素 C 含量的测定

一、实训目的

1. 了解种子中维生素 C 含量测定的意义。
2. 掌握维生素 C 含量测定的方法与操作。

二、实训原理

维生素 C 又称为抗坏血酸，是种子中非常重要的一种营养物质，与种子的发芽有密切关系。种子中维生素 C 的含量可用 2,6 – 二氯酚靛酚来检测。

2,6 – 二氯酚靛酚是一种染料，在酸性条件下显红色，具有氧化性。种子中的抗坏血酸可在酸性反应体系中被其氧化为脱氢抗坏血酸，而自身还原为无色的还原型 2,6 – 二氯酚靛酚。通过 2,6 – 二氯酚靛酚 $OD_{520\,nm}$ 吸光光度值的减少可以测定抗坏血酸含量。

三、实训材料、仪器用具与试剂

1. 材料
大豆、小麦、水稻、玉米等作物种子。
2. 仪器用具
分光光度计、容量瓶、研钵等。
3. 试剂
(1) 2% 草酸。
(2) 30% (w/v) 硫酸锌。
(3) 二甲苯。
(4) 15% (w/v) 亚铁氰化钾。
(5) 0.1% (w/v) 2,6 – 二氯酚靛酚溶液。将 2,6 – 二氯酚靛酚 0.1 g 先溶解在含 82 mg 碳酸氢钠的 60 mL 热水中，过滤定容到 100 mL。
(6) 抗坏血酸标准溶液。抗坏血酸 5～100 μmol/L，用 1% 草酸溶解。

四、实训方法与步骤

1. 标准曲线的制作
取 10 只洁净的试管，分别编号 1～10，按管号加入如表 16 – 1 所示的不同溶液，反应 10 s 后，迅速加入 5 mL 二甲苯萃取，然后取二甲苯萃取溶液，置于分光光度计上测定 $OD_{520\,nm}$ 值。以光密度值为纵坐标、抗坏血酸浓度值为横坐标，制作标准曲线。

表 16 – 1　各管号加入溶液配比量

管号	1	2	3	4	5	6	7	8	9	10
100 μmol/L 抗坏血酸/mL	0	1	2	3	4	5	6	7	8	9
1% 草酸/mL	10	9	8	7	6	5	4	3	2	1
2,6 – 二氯酚靛酚溶液/mL	2	2	2	2	2	2	2	2	2	2
抗坏血酸浓度/(μmol/L)	0	10	20	30	40	50	60	70	80	90

2. 样液的测定

取 1.0 g 种子材料,加入 3 mL 2% 草酸,研磨成匀浆,可利用草酸(1%)冲洗研钵,之后将其一并倒入容量瓶(100 mL)中,加入 1 mL 硫酸锌(30%),注意摇匀。加入 1 mL 亚铁氰化钾(15%),将脂溶性色素去除。以草酸(1%)定容至 1 000 mL 为准,过滤得到的滤液即为待测液。

取待测液 10 mL,按标准曲线的方法测定 $OD_{520\ nm}$,以干重为基础计算样品抗坏血酸含量,单位为 μmol/g 干重。

五、注意事项

1. 研磨一定要充分。
2. 二甲苯有毒,要在通风橱中进行操作。
3. 标准曲线的数值一定要精确。

六、实训报告

报告所测种子中维生素 C 的含量,并做简要分析。

七、思考题

1. 影响种子维生素 C 含量测定的因素有哪些?
2. 如何确保测量结果的准确性?

实训项目十七 种子中可溶性糖含量的测定

一、实训目的

1. 了解测定种子中可溶性糖含量的意义。
2. 掌握可溶性糖含量的测定方法。

二、实训原理

糖类与浓硫酸反应会脱水生成糠醛或其衍生物,具体反应过程如下:糠醛或羟甲基糠醛与蒽酮试剂缩合生成蓝绿色物质,该物质在 620 nm 波长的可见光区处有最大吸收峰值,且其光吸收值在一定范围内与糖含量成正比。该种方法可用于单糖、多糖和寡糖含量的测定,灵敏度高、简便快捷、适用于微量样品的测定等是这种测定方法的主要优点。

戊糖 → 糠醛

己糖 → 羟甲基糠醛

三、实训材料、仪器用具与试剂

1. 材料

玉米、小麦、大豆、水稻等作物种子。

2. 仪器用具

恒温水浴锅、分光光度计、电子天平、100 mL 容量瓶、20 mL 具塞刻度试管、漏斗、研钵、试管架。

3. 试剂

(1)1 mg/mL 标准葡萄糖原液

将葡萄糖(分析纯)于 80 ℃ 烘干至恒重,准确称取 100 mg 置于烧杯中,先以少量蒸馏水使其溶解,然后再加 5 mL 浓盐酸(杀菌作用)后,用蒸馏水稀释定容至 100 mL 即可。

（2）蒽酮试剂

称取 1 g 蒽酮,溶解于 1 000 mL 稀硫酸溶液中。稀硫酸溶液由 760 mL 浓硫酸（相对密度 1.84）加水 1 000 mL 稀释而成,待冷却至室温,再加入蒽酮。将配制好的试剂（橙黄色）装入棕色瓶于冰箱中避光存放（现配现用）。

四、实训方法与步骤

1. 葡萄糖标准曲线的制作

首先,取具塞试管（20 mL）6 支,顺次编号,按表 17－1 数据配制一系列不同浓度的标准葡萄糖溶液。

在每个具塞试管中均加入蒽酮试剂 5 mL,摇匀后,将试管塞打开,置沸水浴中煮沸 10 min,为防止水分蒸发,可在试管口放置一玻璃球。取出冷却至室温,在波长为 620 nm 下进行比色,测各管溶液的光密度值（OD）,以标准葡萄糖含量为横坐标、光密度值为纵坐标绘制标准曲线。

表 17－1　不同浓度标准葡萄糖溶液配制法

管号	1	2	3	4	5	6
200 μg/mL 标准葡萄糖原液/mL	0	0.2	0.4	0.6	0.8	1.0
蒸馏水/mL	1	0.8	0.6	0.4	0.2	0
葡萄糖含量/($\mu g \cdot mL^{-1}$)	0	40	80	120	160	200

2. 可溶性糖的提取

准确称取种子干样粉末 0.1 ~ 0.5 g,在研钵中研磨至匀浆,研磨时可适量加入少许乙醚,用 30 ~ 40 mL 的蒸馏水（70 ℃）将研钵内的匀浆全部洗入 100 mL 的烧杯中。将烧杯置于水浴锅（70 ~ 80 ℃）内 30 min,取出后冷却,再逐滴加入饱和中性醋酸铅溶液,至不形成白色沉淀为止,目的是去除提取液中的蛋白质。将烧杯内的液体一并洗入 100 mL 容量瓶中,用蒸馏水定容至刻度,充分摇匀,再用干燥漏斗过滤,过滤液放在有草酸钠粉末（约 0.3 g）的干燥三角瓶内,再将三角瓶内溶液过滤,把草酸铅沉淀除去,即得到透明的待测液。

3. 可溶性糖含量测定

用移液管吸取 1 mL 待测液,加 5 mL 蒽酮试剂,摇匀后,置恒温水浴锅中沸水浴 10 min,取出并冷却至室温,再在波长为 620 nm 下比色,记录光密度值（OD 值）。对照查看标准曲线得知对应的葡萄糖含量（μg）。

4. 结果计算

$$可溶性糖含量（\%）= \frac{葡萄糖含量（\mu g）\times \dfrac{提取液的总量（mL）}{测定时的用量（mL）} \times 稀释倍数}{种子干重（mg）\times 1\,000} \times 100\%$$

五、注意事项

1. 加热时间和温度条件会影响蒽酮反应的颜色,所以应严格控制反应条件的一致性。

2. 水浴加热时应打开试管塞。

3. 各种糖与蒽酮反应的有效范围不同,样品的稀释反应应使含糖量在有效范围内,方能获得正确的结果。

4. 测定 OD 值时,若比色杯内有水,比色液会浑浊,所以比色杯要保持干燥无水。

六、实训报告

根据公式计算所测种子中的可溶性糖的含量,并做简要分析。

七、思考题

1. 影响种子可溶性糖测定的因素有哪些?

2. 成熟的种子可溶性糖含量的多少与种子品质有何关系?

实训项目十八　　种子中淀粉含量的测定

一、实训目的

1. 了解种子中淀粉含量测定的意义。
2. 掌握种子中淀粉含量测定的方法与操作。

二、实训原理

还原糖一般是指具有羰基$(\diagup C = O)$的糖,主要特点是能将其他物质还原而其本身被氧化。

①在碱性条件及有酒石酸钾钠存在下加热,还原糖可以定量地将二价铜离子还原为一价铜离子,产生氧化亚铜(砖红色)沉淀,其本身被氧化。

$$CuSO_4 + 2NaOH \longrightarrow Na_2SO_4 + Cu(OH)_2$$

$$Cu(OH)_2 + \begin{matrix} HO-CH-COONa \\ HO-CH-COOK \end{matrix} \longrightarrow Cu\begin{matrix} O-CH-COONa \\ O-CH-COOK \end{matrix} + 2H_2O$$

$$Cu\begin{matrix} O-CH-COONa \\ O-CH-COOK \end{matrix} + \begin{matrix} CHO \\ H-C-OH \\ HO-C-OH \\ H-C-OH \\ H-C-OH \\ CH_2OH \end{matrix} + 2H_2O \longrightarrow$$

$$\begin{matrix} COOH \\ (COOH)_4 \\ CH_2OH \end{matrix} + 2\begin{matrix} HO-CH-COONa \\ HO-CH-COOK \end{matrix} + Cu_2O\downarrow$$

②氧化亚铜在酸性条件下,可将钼酸铵还原,还原型的钼酸铵再与砷酸氢二钠发生反应,生成一种砷钼蓝(蓝色)复合物,其颜色深浅在一定范围内与还原糖的量(即被还原的Cu_2O量)成正比,用砷钼酸与标准葡萄糖发生反应,比色后作标准,即可测得样品还原糖含量。

$$Cu_2O + H_2SO_4 \longrightarrow Cu^+$$

$$2Cu^+ + MoO_4^{2-} + H_2SO_4^{2-} \longrightarrow 2Cu^{2+} + \text{蓝色复合物}$$

种子中的淀粉经稀酸作用后,可全部水解成葡萄糖,用砷钼酸比色法测定葡萄糖的含量,然后可再推算出淀粉的含量。此法灵敏度高,测定范围为 25～200 g 葡萄糖/mL,而且产物很稳定,便于测定多份样品。

三、实训材料、仪器用具与试剂

1. 材料

大豆、小麦、水稻、玉米等作物种子。

2. 仪器用具

分光光度计、水浴锅、移液枪、100 mL 容量瓶、20 mL 具塞刻度试管、漏斗、白瓷比色板、研钵。

3. 试剂

（1）铜试剂

①A 液。4% $CuSO_4 \cdot 5H_2O$:准确称取 40 g $CuSO_4 \cdot 5H_2O$,溶于 960 mL 水中即可。

②B 液。称取 24 g 无水碳酸钠,用 850 mL 水溶于大烧杯中,加入含 2 g 4 分子结晶水的酒石酸钾钠,待全溶(应加热)后加入 16 g 碳酸氢钠,再加入 120 g 无水硫酸钠(加热),全溶及冷却后加水至 900 mL,沉淀 1～2 d,取上清液备用,注意应严格过滤。使用前将 A 液与 B 液按 1∶9 混匀即可使用。试剂置于 37 ℃恒温箱内保存。

（2）砷钼酸试剂

准确称量 25 g 钼酸铵 $(NH4)_6Mo_7O_{24} \cdot 4H_2O$,溶于 450 mL 蒸馏水中,加热溶解(注意:温度接近 150 ℃时易分解),待冷却后再加入 21 mL 浓 H_2SO_4,混合均匀。另将 3 g 砷酸氢二钠 $(Na_2HAsO_4 \cdot 7H_2O)$溶解于 25 mL 蒸馏水中,然后将其加到钼酸铵溶液中,室温下放置于棕色瓶中可长期使用。

（3）100 μg/mL 标准葡萄糖原液

将葡萄糖(分析纯)于 80 ℃烘干至恒重,准确称取 100 mg 置于烧杯中,先以少量蒸馏水使其溶解,然后再加 5 mL 浓盐酸(杀菌作用)后,用蒸馏水稀释定容至 1 000 mL 即可。

（4）甲基红指示剂

准确称取 0.2 g 甲基红,将其溶于 100 mL 乙醇(60%)中。

四、实训方法与步骤

1. 标准曲线的制作

准备 10 个刻度试管,依次按顺序编号,每支试管按表 18-1 加入 100 μg/mL 标准葡萄糖液、蒸馏水、铜试剂,混合均匀后,在恒温水浴锅中沸水浴加热 10 min,完成后立即冷却,再加入 2 mL 砷钼酸试剂,振荡 2 min 后稀释至 20 mL,用分光光度计在波长 620 nm 下进行比色,测得其光密度 $OD_{620 nm}$,并记录相关数据。以糖浓度(μg)为横坐标、光密度 $OD_{620 nm}$为纵坐标,绘制标准曲线。

表 18 - 1　各管号加入溶液量

管号	1	2	3	4	5	6	7	8	9	10
标准葡萄糖/mL	0	0.1	0.2	0.3	0.4	0.5	0.6	0.7	0.8	0.9
蒸馏水/mL	2	1.9	1.8	1.7	1.6	1.5	1.4	1.3	1.2	1.1
铜试剂/mL	2	2	2	2	2	2	2	2	2	2
砷钼酸/mL	2	2	2	2	2	2	2	2	2	2

2. 样品中淀粉含量的测定

(1)样品的制备

①取待测种子若干,在 80 ℃烘箱内烘干,磨碎后过 100 目筛,将其放置于干燥器中保存备用。

②准确称取 0.5 ~ 1 g 风干磨细后的种子,一式四份,其中一份用于检查淀粉的水解情况。将称好的样品全部倒入 150 mL 三角瓶中,向瓶内加 1% 浓盐酸溶液,用带长玻璃管的橡皮塞塞紧,置于沸水浴中水解 2 ~ 2.5 h。然后用滴管吸取少量带固体颗粒的溶液,放在白瓷点滴板上,再加一滴 I_2 - KI 溶液,若不显蓝色、红色或紫色,说明淀粉已完全水解。否则应继续水解后再用同样方法检查,直至完全水解。

③水解完全后,将三角瓶从恒温水浴锅内取出,并迅速冷却至室温,然后加甲基红指示剂一滴,用氢氧化钠(2 mol/L)进行中和;当接近中性时,改用 0.2 mol/L 氢氧化钠中和至溶液由红色变为微黄色,即此时溶液中和到微碱性。

④向中和好的溶液中,逐滴加入中性醋酸铅溶液,摇匀,静置后观察,直至上层溶液变澄清。再加入微量醋酸铅溶液,观察是否还会产生蛋白质沉淀,若有沉淀,则须加热至无沉淀为止。

⑤将溶液过滤,收集到容量瓶中,再加入硫酸钠饱和溶液,目的是除去剩余的铅(不产生白色沉淀);或将过滤液放在一个装有草酸钠粉末(约 0.3 g)的干燥三角瓶中,再将三角瓶内溶液过滤,除去草酸铅沉淀,即得到透明的待测液。

⑥将中和澄清后的糖溶液过滤,倒入 150 mL 容量瓶中,然后再将瓶内沉淀全部转移到滤纸上,用热蒸馏水洗净三角瓶,洗液经滤纸并入同一容量瓶中,洗至刻度后摇匀,过滤即得待测液。

(2)样液的测定

取 2 mL 上清液,按制作标准曲线的步骤测定还原糖的含量。若样品中淀粉含量较高,应将样液稀释,使其消光值控制在标准曲线范围内。

(3)计算

$$总还原糖(\%) = \frac{葡萄糖含量(\mu g) \times \dfrac{提取液总量(mL)}{测定时用量(mL)} \times 稀释倍数}{样品干重(g) \times 10^6} \times 100\%$$

$$淀粉(\%) = \{[总还原糖(\%) - 可溶性还原糖(\%)] \times 0.9\} \times 100\%$$

五、注意事项

1. 还原糖是指含有自由酮基或醛基的糖类,单糖都是还原糖,双糖和多糖不一定是还原糖,其中麦芽糖、果糖和乳糖是还原糖,而蔗糖、淀粉和纤维素等则是非还原糖。

2. 系数 0.9 是由于淀粉 $(C_6H_{10}O_5)_n$ 水解时吸收了 n 个水分子。

$$(C_6H_{10}O_5)_n + nH_2O \rightarrow nC_6H_{12}O_6$$

3. 糖溶液与碱性铜试剂加热反应时,一定要将试管口用玻璃塞或者玻璃球盖上,以防止进入空气和水分蒸发。

4. 砷钼酸试剂有毒,需要在通风橱中操作。

六、实训报告

计算所检验种子的淀粉含量,并做简要分析。

七、思考题

1. 影响种子中淀粉含量测定的因素有哪些?

2. 淀粉主要存在于种子的哪些部位,与种子品质有何关系?

第四篇 种子生理活性物质检测实训

实训项目十九　种子脱氢酶含量的测定

一、实训目的

1. 了解种子脱氢酶含量测定的意义。
2. 掌握脱氢酶含量的测定方法及注意事项。

二、实训原理

氯化三苯基四氮唑(TTC)的氧化态是无色的,其接收了活种子在呼吸过程由脱氢酶产生的氢后,即变成还原态的三苯基甲腙(TTCH)。该物质是红色的,可经丙酮提取,然后在分光光度计上测得光密度值(OD值)。从标准曲线表中也可查出TTCH的含量,以定量计算脱氢酶的活性,若光密度(490 nm)值高或TTCH含量高,则表明种子活力强。

三、实训材料、仪器用具与试剂

1. 材料
玉米、大豆、小麦、水稻等待测种子。
2. 仪器用具
离心机、水浴锅、分光光度计、研钵、容量瓶、试管、烧杯、滤纸、镊子等。
3. 试剂
磷酸氢二钠、磷酸二氢钠、TTC、$Na_2S_2O_4$、氯化钠、无水乙醇等。

四、实训方法与步骤

1. 标准曲线的制作

取5 mL的容量瓶7个,按顺序依次编号,每瓶中先分别加入极少量$Na_2S_2O_4$,再按编号顺序分别加入0 μL、25 μL、50 μL、75 μL、100 μL、125 μL、150 μL浓度为0.1%的TTC溶液,最后用磷酸盐缓冲液(pH = 7 ± 0.5)定容,摇匀,即配制成如表19 – 1所示的浓度分别为0 μg/mL、5 μg/mL、10 μg/mL、15 μg/mL、20 μg/mL、25 μg/mL、30 μg/mL的TTCH标准溶液,在分光光度计上于490 nm处分别测其光密度,以吸光度值为纵坐标、TTCH标准液为横坐标,绘制标准曲线。

表19 – 1　不同标准溶液配制

管号	1	2	3	4	5	6	7
0.1% TTC 溶液/μL	0	25	50	75	100	125	150
磷酸盐缓冲液(pH = 7 + 0.5)/mL	5	5	5	5	5	5	5
TTCH 标准溶液/(μg·mL^{-1})	0	5	10	15	20	25	30

2.样品的测定

将待测种子浸泡至充分吸胀,去掉种皮,大粒种子须剥出种胚,中、小粒种子无须处理,每个样品数取的粒数要一致(种子大小均匀的可称重),重复3次。

(1)第一种方法

将样品放进具塞试管中,加入0.1% TTC溶液10 mL,于恒温水浴锅中(35~38 ℃),黑暗下染色1~3 h(时间随种子的种类而异,如玉米染色需要3 h)。将TTC溶液倒出,以终止反应,再用水冲洗样品2~3次。用滤纸吸去样品种子表面水分,然后全部倒入研钵内,加入适量石英砂及丙酮,促使其充分研磨。最后将研磨液全部倒入5 mL的容量瓶中,丙酮冲洗研钵2~3次,一并倒入容量瓶,定容并摇匀。

将部分提取液倒入离心管中,设定离心机工作参数,3 000 r/min离心5 min。离心结束后吸出一定量的红色上清液,用于比色。若上清液浑浊可加入数滴1% NaCl溶液(以溶液达清亮为度),最后比色,再从标准曲线中查出相应的还原态TTCH含量。

(2)第二种方法

将经过滤纸吸去表面水分的种子全部倒入试管,管内加入无水乙醇(化学纯)8~10 mL,然后将试管置于80 ℃恒温水浴中,用乙醇提取红色物质,待胚部变白色后,立即停止提取,冷却后将提取液倒出,在490 nm波长下进行比色,再从标准曲线中查出相应的还原态TTCH量。

五、注意事项

1.因丙酮挥发迅速,在80 ℃水浴中宜用乙醇来提取红色物质。

2.配制TTC溶液需用磷酸盐缓冲液(pH=7±0.5)。TTC见光分解,应现用现配。

3.在水浴中提取红色物质时,由于样品种子材料不同,提取时间也会有差异,总原则是各种材料从红色全部变白时即可终止提取。如果提取时间过长,会有部分红色物质吸附在白色胚乳上;若提取时间过短,则红色物质未被提取干净,时间过长或过短均会不同程度影响测定结果。

4.反应须在恒温条件下进行。相关实践经验数据显示,在30 ℃染色比20 ℃快约一倍,40 ℃比30 ℃快约一倍,但温度最高不宜超过45 ℃,一般在普通恒温水浴中控制在38 ℃左右即能达到良好的效果。

六、实训报告

计算所检测种子中TTCH的含量,并依此分析种子的活力情况。

七、思考题

1.脱氢酶测定有何意义?

2.试分析影响实验结果的因素。

实训项目二十　种子ATP含量的测定

一、实训目的

1. 了解种子ATP含量测定的意义。
2. 掌握种子ATP含量测定的方法及注意事项。

二、实训原理

三磷酸腺苷(ATP)是一切有生命的物质所需的高能化合物。当种子遇水开始吸胀后,各种生理代谢活动就开始活跃,对能量的需求即会逐渐增多。此外,不同层次的系列实验研究结果表明,在细胞、亚细胞和分子水平上确证吸胀冷害的原初作用位点均位于生物膜上,其中ATP酶是最为关键之处。所以ATP的含量多少很可能是种子或幼苗活力强弱的一个灵敏生化指标。

ATP在荧光素酶的作用下,与荧光素起作用而有发光现象,当荧光素和荧光素酶均过量时,发光强度与ATP含量成正比。因此,可通过测定发光强度来确定ATP的含量。

反应式为

$$E + LH_2 + ATP \underset{}{\overset{Mg^{2+}}{\rightleftharpoons}} E \cdot LH_2 \cdot AMP + PiE \cdot LH_2 \cdot AMP + O_2 \rightarrow E + 产物 + CO_2 + 光$$

式中,E代表荧光素酶,LH_2代表荧光素,Pi代表无机磷。

三、实训材料、仪器用具与试剂

1. 材料

大豆、玉米、小麦、水稻等作物种子。

2. 仪器用具

液体闪烁计数器、发光光度计、恒温水浴锅、离心机、研钵等。

3. 试剂

(1)0.05 mol/L甘氨酰－甘氨酸缓冲液。称取0.247 g(10 mL)$MgSO_4 \cdot 7H_2O$、0.037 2 g(1 mL)EDTA、0.660 g甘氨酰－甘氨酸,分别溶解后,用0.5 mol/L KOH调节pH值至7.4～7.8,最后定容至100 mL。

(2)荧光素酶系溶液的配制。称取荧光素酶粉剂40 mg,放入玻璃匀浆容器中,加入含有牛血清白蛋白的0.05 mol/L甘氨酰－甘氨酸缓冲液15 mL,充分研磨、离心,取上清液备用。酶液在4 ℃下可保存2 d,在冰箱内速冻则可保存数天。

(3)1 mg/mL牛血清白蛋白。称取牛血清白蛋白100.00 mg,溶于100 mL蒸馏水中,配制成标准蛋白质溶液。

种子学实训教程

（4）0.02 mol/L Tris – HCl 缓冲液。称取 0.606 g Tris，溶于少量蒸馏水，然后加 4 mL 1mol/L 的 HCl，最后用蒸馏水稀释至 250 mL，即成为 pH 值为 7.4 ~ 7.8 的 Tris – HCl 缓冲液。

（5）3 mol/L K_2CO_3。

（6）6% 三氯乙酸或过氯酸。

（7）ATP 钠盐标准品。用 0.02 mol/L Tris – HCl 缓冲液配制 5×10^{-7} mol/L，然后再分别配制出 5×10^{-8} mol/L、5×10^{-9} mol/L、5×10^{-10} mol/L、5×10^{-11} mol/L、5×10^{-12} mol/L、5×10^{-13} mol/L、5×10^{-14} mol/L 的 ATP 标准溶液。

四、实训方法与步骤

1. 标准曲线的制作

取比色皿若干并标记，分别向其中注入浓度不同的 ATP 溶液各 0.2 mL，放入发光光度计的暗室，然后再向其中注入经 25 ℃恒温处理的荧光素酶系溶液 1 mL，立即读数并记录其光产量高峰值，以其对数值作为纵坐标、ATP 溶液的浓度作为横坐标绘制成 ATP 标准曲线。

2. ATP 的提取

根据不同类别的种子，大粒种子可定粒数并称重，小粒种子称取一定质量，每个试样重复 3 次。各类别的种子，可通过浸泡（或吸浮）2 ~ 24 h，也可取刚萌发的种苗，大粒种子需要取胚，小种子则用整粒即可，用滤纸将种子表面水分吸干，去掉种皮（将涩粒种子排除）。

（1）热提取法

在试管中放入种子，加 95% 乙醇（以淹没种子为标准）进行处理，随即在水浴（80 ℃）中加热 4 ~ 5 min，待材料表面酒精挥发后，加入去离子水 5 mL，在沸水浴中继续提取 5 min（先用酒精加热固定种子，后用开水提取使溶液变清，提高测定效果），立即取出，然后迅速放入冰箱速冻器内冷却待测。离心去沉淀，上清液为 ATP 提取液。

（2）酶提取法

用事先预冷 6% 的三氯乙酸或过氯酸将种子材料提取 5 ~ 10 min，然后用 3 mol/L 预冷的 K_2CO_3 中和至 pH 值为 7.4，离心去沉淀，上清液为 ATP 提取液。

3. 测定

吸取 ATP 提取液 2 mL，其他步骤与测定标准曲线相同。最后从标准曲线查出相应的 ATP 量，再换算成每克或每一定数量种子的 ATP 实际含量。

五、注意事项

1. 种子在萌发过程中，其内 ATP 的含量并不是一直保持上升趋势，而是呈现出迅速、平稳和恢复增加阶段。由于不同种子出现平稳阶段的早晚以及持续时间长短不同，所以在测定不同种子的 ATP 含量时，一定要充分考虑吸胀时间这一关键性因素，否则结果的正确性难以保证。

2. 为了使酶活性达到最大，测定时，须将酶液置于 25 ℃恒温水浴中。

86

六、实训报告

1. 绘制 ATP 标准曲线图。
2. 试分析所测种子的 ATP 含量,并判断种子活力的强弱。

七、思考题

1. 测定种子 ATP 含量有何意义?
2. 试比较热提取法和酶提取法提取 ATP 的优缺点。

实训项目二十一　种子呼吸速率的测定

一、实训目的

1. 掌握种子呼吸速率测定的常用方法。
2. 了解不同作物种子呼吸速率的差异。

二、实训原理

种子生命活动最重要的指标之一是呼吸速率。呼吸速率的测定方法很多,主要可分为两大类:吸氧速率测定和放出 CO_2 速率测定,前者包括氧电极法和测压法。本实训采用氧电极法测定,该法所需样品量少,且精度高。

氧电极法的主要原理:溶氧电极用一薄膜将银阳极、铂阴极及电解质与外界隔开,通常情况下,这层薄膜和阴极几乎是直接接触的。氧以和其分压成正比的比率透过膜而扩散,氧分压越大,则透过膜的氧也就会越多。当溶解氧透过膜不断地渗入腔体时,在阴极上还原而产生电流,此电流可在仪表上显示出来。由于溶氧浓度和此电流直接成正比,因此校正仪表只需将测得的电流转换为浓度单位即可。

三、实训材料、仪器用具与试剂

1. 材料

萌发的小麦、玉米、水稻及大豆等作物种子。

2. 仪器用具

CY – Ⅱ型测氧仪、真空干燥器、500 W 卤钨灯光源(照度应大于 $5.5 \times 10^4 lx$)、超级恒温水浴、反应杯、自动记录仪、电磁搅拌器等。

3. 试剂

Na_2SO_3 饱和溶液(现用现配)、0.5 mol/L KCl 溶液、20 mmol/L $NaHCO_3$ 溶液。

四、实训方法与步骤

1. 仪器安装

本实训以国产 CY – Ⅱ型测氧仪为主机,配以超级恒温水浴、磁力搅拌器、自动记录仪、光源、反应杯等,按图 21 – 1 所示组装成测定溶解氧的成套设备。

2. 检查测氧仪

(1)开启电源

将开关拨至如图 21 – 2 所示"电池电压"挡,检查电池电压是否正常(满量程为10 V),如果电压低于 7 V,则需进行电池更换,安装时还需要注意正负极。

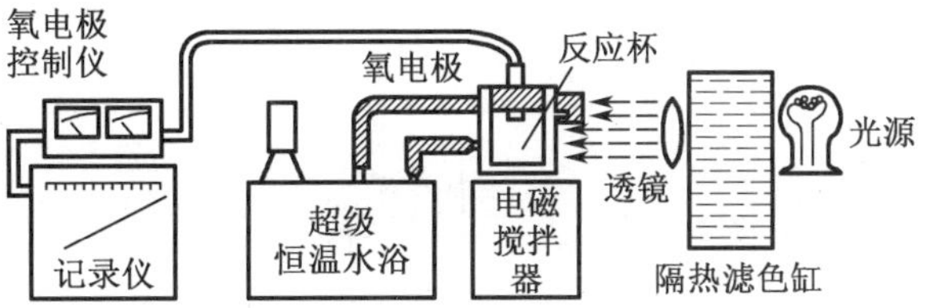

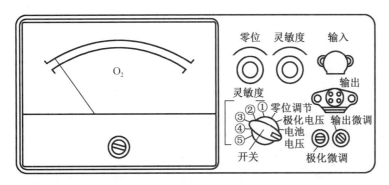

图 21-1 氧电极测定溶解氧的装置示意图

①1/1②1/2③1/4④1/8⑤1/16

图 21-2 CY-Ⅱ型测氧仪

（2）极化电压微调

将波段开关拨至"极化电压"挡,检查加在两极两端的电压是否为 0.7 V(满量程 1 V),若偏低或偏高,则可通过调节"极化微调"钮,使电位器电压恰好为 0.7 V。

（3）零位调节

将波段开关拨至"零位调节"挡,电表指针应指在"0"点位置,若不在该位置,则可通过"零位"电位器进行调节。

3. 安装电极

电极包括下列部件:氧电极、电极套、聚乙烯薄膜、电极套螺塞、O 形橡胶圈,另外还有氯化钾溶液、薄膜安装器(图 21-3(a))。

从电极套中将电极取出,在电极套的顶端将薄膜小圆片放上。把薄膜安装器的凹端压在电极套的顶端,再将 O 形橡胶圈推入套端的凹槽内(图 21-3(b));轻轻拉膜,使其与电极套平稳贴合,注意不能拉得太紧,否则会导致薄膜变形。在电极套内滴入 0.5 mol/L KCl 溶液,然后慢慢向下推,直到电极头与薄膜接触即可。将电极套螺塞拧紧,使电极突出电极套约 0.5 mm(图 21-3(c)),最后擦去电极套外的 KCl 液滴。

4. 调试仪器

将反应杯用蒸馏水加满,用电磁搅拌器搅拌与空气平衡 10 min,然后盖上杯盖或塞(注意杯内不能有气泡),将控制器的电压开关打开,调节电压旋钮达到 0.7 V。再将灵敏度开关打开,调节灵敏度旋钮使记录仪指针至适当位置,当记录纸上画出一条直线时,停止搅拌,此时记录笔后退;再次打开搅拌器时,记录笔回升,表明仪器正常工作。

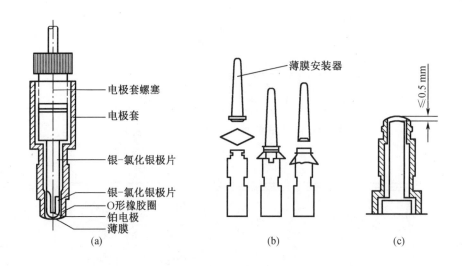

图 21 - 3　CY - Ⅱ型测氧仪的氧电极及其安装方法

5. 标定灵敏度

在一定的气压与温度下,水中氧的溶解度如表 21 - 2 所示,是个常数。因此,可在所要求温度下先使反应杯内蒸馏水与大气搅拌平衡 10 min,然后在反应杯中插入电极(电极附近不得有气泡),随即调节灵敏度旋钮,使记录仪指针至满度。灵敏度一旦标定好之后,在紧接着的连续测定中不可再动灵敏度旋钮。然后向反应杯中加入 Na_2SO_3 饱和溶液(无氧液)0.1 mL,将水中的氧除尽,这时记录仪指针退回零处附近。根据当时的水温查出溶氧量以及记录笔横向移动的格数,即可算出记录仪每小格所表示的含氧量(即灵敏度),公式为

灵敏度 = (溶液体积 × 室温下氧溶解度)/格数

如若水温为 25 ℃,由表 21 - 2 查得饱和溶氧量为 0.253 μmol/mL,所以 3 mL 水中的总含氧量为 3 × 0.253 = 0.759 μmol,记录纸上每格代表的含氧量为 0.759/100 = 0.007 59 μmol。在正式测定时,若加入 3 mL 反应液并经温度平衡后,记录仪指针指在第 92 格,反应 5 min 后,指针移到第 66 格,则溶液中含氧量降低值为

(92 - 66) × 0.007 59 = 0.197 μmol,此即 5 min 内的实际耗氧量。

6. 测定样品

将水浴温度调好后,洗净反应杯,向其内加入蒸馏水 3 mL,敞盖搅拌 10 min,将记录仪指针指在 80 ~ 90 格处,调灵敏度。待基线稳定后,将萌发的水稻或玉米种子称好后,立即放入反应杯中,盖好盖,然后打开搅拌器,放下记录笔。由于材料呼吸耗氧,记录笔向左移,经 3 ~ 5 min 后(已画出斜线),关闭仪器,找出斜率一致的一段进行结果计算。

7. 结果计算

采用下式计算呼吸速率。

$$R = C \times N \times 60 / W \times t$$

式中,R 为呼吸速率[μmoL/(g·h)];C 为灵敏度(μmoL),N 为记录笔向左移动的格数,W 为被测材料鲜重(g),t 为测定时间(min)。

表 21 - 2　1.013 × 10⁵ (1 atm) 下不同温度水中氧的溶解度

温度 (℃)	氧溶解度		温度 (℃)	氧溶解度	
	μg/mL	μmoL/mL		μg/mL	μmoL/mL
10	10.92	0.241	21	8.68	0.271
11	10.67	0.333	22	8.53	0.267
12	10.43	0.326	23	8.38	0.262
13	10.20	0.319	24	8.25	0.258
14	9.98	0.312	25	8.11	0.253
15	9.76	0.305	26	7.99	0.250
16	9.56	0.299	27	7.86	0.246
17	9.37	0.293	28	7.75	0.242
18	9.18	0.287	29	7.64	0.239
19	9.01	0.282	30	7.53	0.235
20	8.84	0.276			

五、注意事项

1. 由于温度变化对氧电极影响很大,所以在测定过程中维持测定环境温度的恒定尤为重要。

2. 样品管中一定不能存在气泡,否则会造成指针不稳,使记录线产生扭曲现象。

3. 氧电极使用一段时间后,会受到污染,因此会造成灵敏度下降,此时可用 1:1 稀释后的氨水清洗 10 ~ 60 s,最后再用蒸馏水清洗干净即可。

4. 所用薄膜必须无褶皱、无破损,且不能用手接触。

5. 为避免经常灌充 KCl 溶液,当氧电极不用时,可将其电极头放在蒸馏水中,以防止膜内水分蒸发引起 KCl 沉淀。

6. 样品管必须清洗干净,以消除遗留在样品溶液中的霉菌或细菌的影响。

六、实训报告

1. 报告所测种子的呼吸速率。

2. 对所得实训结果做简要分析。

七、思考题

1. 比较不同作物、不同品种,以及不同生理状态种子呼吸强度的差异,并分析其原因。

2. 使用溶氧电极法测定种子呼吸速率时为何不断搅拌溶液? 如果停止搅拌会出现什么现象? 若搅拌速度不均匀又会出现什么情况?

实训项目二十二　氮蓝四唑法测定种子超氧化物歧化酶活性

一、实训目的

1. 学会实训中所需植物材料的制备、试剂配制及酶液的提取方法。
2. 掌握具体测定方法及相关注意事项。

二、实训原理

超氧化物歧化酶(SOD)是含金属辅基的酶。高等植物含有的 SOD 有两种类型,分别为 Mn – SOD 和 Cu,Zn – SOD,它们都催化下列反应:

$$O_2^{\cdot-} + O_2^{\cdot-} + 2H^+ \xrightarrow{SOD} H_2O_2 + O_2$$

$$H_2O_2 \xrightarrow{CAT} H_2O + 1/2O_2$$

由于不稳定的超氧自由基($O_2^{\cdot-}$)寿命极短,因此一般用间接方法对 SOD 的活性进行测定,SOD 的活力测定可利用各种呈色反应来检测。在有氧条件下核黄素能产生超氧自由基负离子($O_2^{\cdot-}$),当加入氯化硝基四氮唑蓝(NBT)后,且在光照条件下,与超氧自由基反应生成黄色的单甲腙,继而还原生成一种蓝色物质即二甲腙,其最大吸收波长为 560 nm。当 SOD 加入时,可使超氧自由基与 H^+ 结合生成 H_2O_2 和 O_2,使 NBT 光还原的进行被抑制,使二甲腙(蓝色)的生成速度减慢。将不同量的 SOD 酶液加入反应液中,经过一定时间光照,测定 560 nm 波长下各液光密度值(OD 值);在一定范围,抑制 NBT 光还原相对百分率与酶活性成正比,在坐标纸上绘制出二者的相关曲线,纵坐标为抑制 NBT 光还原相对百分率,横坐标为酶液加入量,根据 SOD 抑制 NBT 光还原相对百分率计算酶活性,找出 SOD 抑制 NBT 光还原相对百分率为 50% 时的酶量作为一个酶活力单位(U)。

三、实训材料、仪器用具与试剂

1. 材料

玉米、小麦、水稻或大豆等吸胀种子。

2. 仪器用具

紫外分光光度计、高速冷冻离心机、冰箱、荧光灯(反应试管处光照度为 4 000 lx)或光照培养箱(内壁四周裱糊锡箔纸使箱内均匀照光,光照度为 4 000 lx)、微量进样器、玻璃试管若干、烧杯若干、试管架、黑色硬纸套、研钵、酸度计、天平(感量 0.01 g、0.001 g、0.000 1 g)、恒温水浴箱、秒表、规格不同的容量瓶等。

3. 试剂

(1)50 mmol/L 磷酸缓冲液(pH = 7.8)

先分别配制 A 液和 B 液。

A 液:A 液为 0.2 mol/L 磷酸二氢钠,准确称取 $NaH_2PO_4 \cdot 12H_2O$ 31.2 g,先溶解于一定量水中,最后溶至 1 000 mL。

B 液:B 液为 0.2 mol/L 磷酸氢二钠,准确称取 $Na_2HPO_4 \cdot 12H_2O$ 71.7 g,先溶解于一定量水中,最后溶至 1 000 mL。

取 A 液 21.25 mL 与 B 液 228.75 mL 混合,稀释至 1 000 mL 即可。

(2)酶提取液

酶提取液包括提取液 A 和提取液 B。

提取液 A:提取液 A 为 50 mmol/L 磷酸缓冲液(pH = 7.8),含 1%(m/V)聚乙烯吡咯烷酮(PVP)。

提取液 B:提取液 B 为 50 mmol/L 磷酸缓冲液(pH = 7.8),含 0.3%(m/V)Triton X - 100(聚乙二醇辛基苯基醚)、0.1 mmol/L EDTA 和 4%(m/V)聚乙烯吡咯烷酮。

(3)130 mmol/L L - 甲硫氨酸(相对分子质量为 149.21)溶液

准确称取 L - 甲硫氨酸 1.939 7 g,用 pH = 7.8 的磷酸缓冲溶解,最后定容至 100 mL。

(4)750 μmol/L 氯化硝基四氮唑蓝(NBT,相对分子质量为 817.60)

称取氯化硝基四氮唑蓝 0.061 33 g,用 pH = 7.8 的磷酸缓冲液溶解,最后定容至 100 mL,且避光保存。

(5)100 μmol/L 乙二胺四乙酸二钠(EDTA - Na_2,相对分子质量为 372.24)

称取乙二胺四乙酸二钠(EDTA - Na_2)0.037 22 g,用 pH = 7.8 的磷酸缓冲液溶解,最后定容至 1 000 mL。

(6)20 μmol/L 维生素 B_2(核黄素,相对分子质量为 376.36)

称取维生素 B_2 0.007 5 g,用 pH = 7.8 的磷酸缓冲液溶解,最后定容至 1 000 mL,且需要避光保存,现用现配,并稀释 10 倍。

(7)超氧化物歧化酶反应混合液

超氧化物歧化酶(SOD)反应混合液为 50 mmol/L 磷酸缓冲液(pH = 7.8),含 75 μmol/L 氯化硝基四氮唑蓝(NBT)、13 mmol/L 甲硫氨酸、10 μmol/L 乙二胺四乙酸二钠(EDTA - Na_2)和 2 μmol/L 维生素 B_2。用前配制,且要求避光保存。

四、实训方法与步骤

1. 酶液提取

通常有两种方法,可根据实际情况进行选择使用。

(1)第一种方法

准确称取充分吸胀的种子 1.0 g 于研钵中,然后加入 5 mL 酶提取液 A,在冰上充分研磨至匀浆后,在 4 ℃下进行离心(12 000 r/min,20 min)处理,上清液即可用于超氧化物歧化酶(SOD)活性测定。

(2)第二种方法

称取经充分吸胀的种子 1.0 g 于研钵中,先将其研磨成液氮粉,然后再加入酶提取液 B(数量为样品量的 5 倍),在冰浴上充分研磨成匀浆。在 4 ℃下将匀浆进行离心(12 000 r/min,

20 min)处理。上清液即为超氧化物歧化酶粗提液。

2. 酶活性的测定

取试管4支,要求透明度好、质地相同,其中2支为对照管,另外2支为测定管,按表22-1加入相应试剂。1 mL反应体系中加入10~100 μL超氧化物歧化酶粗提液(约为20 μg蛋白),并以不加酶液的作为对照。混匀后,将其中1支对照管罩上比试管稍长的双层黑色硬纸套避光,并与其他各管同时置于光照培养箱内反应10~20 min,反应温度控制在25 ℃,要求各管照光情况保持一致,注意可以根据酶活性的高低适当调整酶的浓度和反应时间。

反应结束后,将试管用黑布罩上,终止其反应。以遮光的对照管作为空白,调节分光光度计波长为560 nm,并测定各管的吸光度。

3. 超氧化物歧化酶活性计算

超氧化物歧化酶活性以抑制氯化硝基四氮唑蓝(NBT)光化还原反应50%的酶量为一个酶活性单位,用U表示。按下式计算超氧化物歧化酶活性。

$$超氧化物歧化酶活性 = \frac{(A_0 - A_S) \times V_T}{0.5 \times A_0 \times W_F \times V_1}$$

式中 以酶活性单位每克鲜重表示超氧化物歧化酶的活性;

A_0——照光对照管的光吸光值;

A_S——样品管的光吸光值;

V_T——样液总体积(mL);

V_1——测定时样品用量(mL);

W_F——样品鲜重(g)。

表22-1 超氧化物歧化酶反应混合液配制表

试剂	用量/mL	终浓度(比色时)
磷酸盐缓冲液(pH=7.8)	1.5	
甲硫氨酸溶液	0.3	13 mmol/L
氯化硝基四氮唑蓝(NBT)溶液	0.3	75 μmol/L
乙二胺四乙酸二钠(EDTA-Na₂)	0.3	10 μmol/L
维生素B₂溶液	0.3	2.0 μmol/L
酶液	0.1	2支对照管以缓冲液代替酶液
水	0.5	
总体积	3.3	

注:当测定数量较大的样品时,可在临用前根据用量将表中各试剂(维生素B₂和酶液除外)按比例混合后一次加入2.90 mL,然后依次加入维生素B₂和酶液,使其终浓度保持不变,其余各步骤与上面相同。

五、注意事项

1. 由于多酚类物质会引起酶蛋白不可逆沉淀,进而使酶失去活性,因此在提取SOD酶时,必须添加多酚类物质的吸附剂,除去多酚类物质,避免酶蛋白变性失活。通常可在提取液中加1%~4%的聚乙烯吡咯烷酮(PVP)即可。

2.测定时必须严格控制温度和光化反应的时间,使其保持一致。为保证各微烧杯所受光强一致,所在微烧杯应排列在与日光灯管平行的直线上,且所用玻璃试管要透明度好、质地规格均一。

3.测定酶活性时,加入的酶量以能抑制反应的50%为最佳。

六、实训报告

报告所测种子超氧化物歧化酶(SOD)的活性,并做简要分析。

七、思考题

1.超氧化物歧化酶测定中为什么设照光和避光两个对照管?

2.影响超氧化物歧化酶测定准确性的主要因素是什么,应如何克服?

实训项目二十三　H_2O_2紫外吸收法测定种子过氧化氢酶活性

一、实训目的

1. 学会实训中所需植物材料的制备、试剂配制及酶液提取方法。
2. 掌握具体测定方法及注意事项。

二、实训原理

过氧化氢酶(CAT)是催化过氧化氢分解为水和分子氧的酶,存在于种子细胞的过氧化物体内,可清除细胞中的过氧化氢,从而使细胞免于遭受过氧化氢的毒害。H_2O_2在分光光度计240 nm 波长处有最大吸收峰,利用 CAT 能促进 H_2O_2 分解,使反应溶液在240 nm 波长下的吸光度随反应时间而下降,根据吸光度的变化速率可计算出 CAT 的活性(注意:凡在240 nm 下有强吸收的物质对本实验结果都有干扰)。

三、实训材料、仪器用具与试剂

1. 材料

新鲜绿豆芽、小麦吸胀种子。

2. 仪器用具

高速冷冻离心机、紫外分光光度计、恒温水浴锅、微量移液器、研钵、容量瓶(25 mL)、试管(10 mL)、秒表、冰箱和天平。

3. 试剂

(1)提取液

提取液为50 mmol/L 磷酸缓冲液(pH =7.0),含20%(V/V)甘油、2 mmol/L 抗坏血酸、1 mmol/L 还原型谷胱甘肽(GSH)和1%(m/V)聚乙烯吡咯烷酮(PVP)。

(2)0.1 mol/L H_2O_2

取11.36 mL 30%的 H_2O_2,用蒸馏水定容至1 000 mL。

(3)反应液

反应液为 pH =7.8 的10 mmol/L 磷酸缓冲液,且含有10 mmol/L H_2O_2。反应液应现用现配。

四、实训方法与步骤

1. 酶液的提取

准确称取0.5 g 的新鲜绿豆芽或小麦吸胀种子,置于研钵中,加入在4 ℃温度下预冷的提取液2~3 mL 和石英砂少许,冰浴条件下研磨成匀浆后,立即转入25 mL 容量瓶中,并用提取液少量多次冲洗研钵(注意:提取液勿冲洗过量),冲洗液合并转入容量瓶中,并定容到刻度。倒转并摇动容量瓶,使提取液混合均匀,之后置于 5 ℃冰箱中静置,10 min 后取上部清液离心(4 000 r/min、15 min)处理,再取离心后的上清液作为过氧化氢酶粗提液。

2.酶活性的测定

取 3 支 10 mL 玻璃试管,编号分别为 0、1、2。其中 0 号为对照实验,吸取 0.2 mL 过氧化氢酶粗提液于玻璃试管中,置沸水浴中加热 5 min,破坏过氧化氢酶;1、2 号为样品测试平行样,各吸取 0.2 mL 过氧化氢酶粗提液于测试玻璃试管中。接下来 3 支试管均按表23-1顺序加入试剂。

表 23-1 紫外吸收法测定 H_2O_2 样品配置表

管号	0	1	2
过氧化氢酶粗提/mL	0.2(煮沸灭活)	0.2	0.2
pH 值为 7.8 的反应液/mL	1.5	1.5	1.5
蒸馏水/mL	1.0	1.0	1.0

将 3 支试管在 25 ℃下预热,并逐管加入 0.3 mL 0.1 mol/L H_2O_2,每加完一管立即计时,并迅速倒入石英比色杯中,在 240 nm 波长下测定吸光度(A_{240}),每隔 1 min 进行 1 次读数,共测 4 min,待 3 支试管全部测定后,计算酶活性。

3.结果计算

$$过氧化氢酶活性 = \triangle A_{240} \times V_T / 0.1 \times V_1 \times t \times W_F$$

$$\triangle A_{240} = A_0 - (A_1 + A_2)/2$$

式中 A_0——对照实验试管的吸光值;

       A_1 和 A_2——样品试管的吸光值;

       V_T——粗酶提取液总体积(mL);

       V_1——测定用粗酶液体积(mL);

       W_F——样品鲜重(g);

       0.1——A_{240} 每下降 0.1 为 1 个酶活性单位(U);

       t——加过氧化氢到最后一次读数时间(min)。

五、注意事项

1.酶的提取液应在低温下进行,预冷酶提取液和研钵,并在冰浴条件下研磨种子样品。

2.如酶活性过高,反应速度太快,可用 pH 值为 6.0 的磷酸盐缓冲液稀释 3~5 倍后进行测定。

3.玻璃比色杯在 240 nm 波长下对入射光有一定的吸收,会影响测定结果,本实验宜选择石英比色杯。

六、实训报告

报告所测种子的过氧化氢酶活性,并做简要分析。

七、思考题

1. 比较小麦和豆类种子内超氧化物歧化酶、过氧化氢酶的活性的差异。
2. 分析影响本项目测定的因素有哪些,如何避免?

实训项目二十四 愈创木酚法测定种子过氧化物酶活性

一、实训目的

1. 学会过氧化物酶（POD）活性的测定所需植物材料的制备、试剂配制、酶液提取方法。
2. 掌握具体测定方法及注意事项。

二、实训原理

POD 活性高低与酚类物质代谢、抗性密切相关。H_2O_2 在 POD 的催化下，可将愈创木酚氧化成茶褐色产物，此产物在波长 470 nm 处有最大吸收峰值，所以可通过测定 470 nm 处的吸光值的变化间接测定 POD 的活性。

三、实训材料、仪器用具与试剂

1. 材料

大豆或小麦等吸胀作物种子。

2. 仪器用具

分光光度计、离心机、天平（感量 0.01 g）、秒表、研钵、磁力搅拌器、酸度计、冰箱等。

3. 试剂

（1）0.1 mol/L pH 值为 8.5 的 Tris - HCl 缓冲液

称取三羟甲基氨基甲烷（Tris）12.114 g，加适量水溶解，用 HCl 调 pH 值至 8.5，最后定容至 1 000 mL 即可。

（2）50 mmol/L pH 值为 6.7 的磷酸缓冲液

先配制 A 液和 B 液。

①A 液：A 液为 0.2 mol/L 磷酸二氢钠。

准确称取 31.202 g $NaH_2PO_4 \cdot 12H_2O$，先加适量水溶解，最后定容至 1 000 mL。

②B 液：B 液为 0.2 mol/L 磷酸氢二钠。

准确称取 71.70 g $Na_2HPO_4 \cdot 12H_2O$，先加适量水溶解，最后定容至 1 000 mL。

分别取 141.25 mL A 液与 108.75 mL B 液，先使其充分混匀，最后定容至 1 000 mL 即可。

（3）POD 反应混合液

取 50 mL 50 mmol/L 磷酸缓冲液（pH = 6.7），加入 19 μL 愈创木酚，在磁力搅拌器上搅拌，直至愈创木酚完全溶解，待溶液冷却后，加入 28 μL 30% 过氧化氢，混合均匀后，置于冰箱中保存。

四、实训方法与步骤

1. 粗酶液的提取

称取 1.0 g 吸胀种子置于研钵中,再加入 0.1 mol/L pH 值为 8.5 的 Tris – HCl 缓冲液 5 mL,充分研磨成匀浆,然后置于离心管中进行离心(4 000 r/min,15 min)处理;收集上清液 于冰箱冷藏暂时保存,滤渣再用 5 mL 缓冲液提取 1 次,合并两次上清液,混匀,即为粗酶混 合液,保存在 4℃冰箱中备用。

2. 酶活性的测定

取光径 1 cm 比色杯 3 只,分别编号 0(对照)、1(重复一)、2(重复二)。在对照比色杯 中加入 POD 反应混合液 3 mL,作为校零对照;1 mL 0.1 mol/L Tris – HCl 缓冲液(pH = 8.5) 作空白参比液。另两只比色杯中分别先加入 POD 反应混合液 3 mL,再加入粗酶液 1 mL(如 酶活性过高可适当稀释),立即开启秒表计时。在分光光度计波长 470 nm 处测量光密度 (OD),每隔 1 min 可读数一次,共测 5 min。

3. 结果计算

以每分钟光密度(OD_{470})变化 0.01 为 1 个过氧化物酶活性单位。计算公式如下:

$$过氧化物酶活性 = \triangle OD_{470}/0.01 \times W$$

式中　　$\triangle OD_{470}$——每分钟底物溶液光密度的变化;

　　　　W——样品鲜重(mg)。

五、注意事项

1. 应在低温下进行酶的粗提液制备,所用研钵也要预冷,并在冰浴条件下研磨种子 样品。

2. 如酶活性过高,反应速度过快,可用 pH 值为 6.0 的磷酸盐缓冲液稀释 3～5 倍后进 行测定。

3. POD 反应混合液也可用 0.2 mol/L pH 值为 6.0 的磷酸盐缓冲液配制,其他成分浓度 不变。

六、实训报告

报告所测种子的 POD 活性,并做简要分析。

七、思考题

1. 还有哪些方法可以测定种子中 POD 的活性?
2. 试分析影响本项目测定的因素有哪些,如何克服?

实训项目二十五　种子淀粉酶活力测定

一、实训目的

1. 理解种子淀粉酶活力测定的基本原理。
2. 掌握种子淀粉酶活力测定的方法及注意事项。

二、实训原理

在种子萌发过程中,随着吸胀过程结束,种子细胞中各种酶开始活化,特别是萌发后的禾谷类种子,淀粉酶活力最强,此时淀粉酶能将贮藏的淀粉水解成麦芽糖,并将其陆续转运到胚轴供胚生长的需要,因此种子中淀粉酶活力与种子萌发的生命活动密切相关。

以萌发的种子为试材,利用其淀粉酶作用于淀粉后生成的还原糖与 3,5 - 二硝基水杨酸反应,生成棕红色的 3 - 氨基 - 5 - 硝基水杨酸,在一定范围内其颜色深浅与糖的浓度成正比,故可用比色法进行测定,因此还原糖较多的种子淀粉酶活力也较强。其反应如下:

几乎所有植物中都有淀粉酶存在,其中主要是 α - 淀粉酶和 β - 淀粉酶,两种淀粉酶特性不同,α - 淀粉酶不耐酸,在 pH 值为 3.6 以下迅速钝化,β - 淀粉酶不耐热,在 70 ℃下 15 min 即钝化。据此特性,在测定淀粉酶活力时钝化其中一种淀粉酶,就可测出另一种淀粉酶的活力。

三、实训材料、仪器用具与试剂

1. 材料

芽长约 1 cm 的萌发的小麦种子。

2. 仪器用具

离心机、恒温水浴锅、分光光度计、研钵、电炉、50 mL 和 100 mL 容量瓶、20 mL 具塞刻度试管、试管架、移液枪。

3. 试剂

(1)标准麦芽糖溶液(1 mg/mL)

准确称取麦芽糖 100.000 mg,先用少量蒸馏水使其溶解,最后定容至 100 mL。

(2)3,5 - 二硝基水杨酸试剂

精确称取 0.63 g 3,5 - 二硝基水杨酸,溶于 20 mL 2 mol/L NaOH 溶液中,然后加入 50 mL 蒸馏水,再加入 30 g 酒石酸钾钠,搅拌至全溶,最后加蒸馏水定容至 100 mL,贮于棕色瓶中,盖紧瓶塞,勿使 CO_2 进入。若溶液浑浊可过滤后使用,多量配制时需存放于冰箱中。

(3)0.1 mol/L 的柠檬酸缓冲液(pH=5.6)

A 液:(0.1 mol/L 柠檬酸)

精确称取 21.01 g $C_6H_8O_7 \cdot H_2O$,先用少量蒸馏水使其溶解,最后定容至 1 000 mL。

B 液:(0.1 mol/L 柠檬酸钠)

精确称取 29.41 g $Na_3C_6H_5O_7 \cdot 2H_2O$,先用少量蒸馏水使其溶解,最后定容至 1 000 mL。

取 55 mL A 液与 145 mL B 液混匀,即得到 0.1 mol/L pH 值为 5.6 的柠檬酸缓冲液。

(4)1% 淀粉溶液

精确称取淀粉 1 g,将其溶于 100 mL 柠檬酸缓冲液(0.1 mol/L,pH 值为 5.6)中。

四、实训方法与步骤

1. 麦芽糖标准曲线的制作

取洁净的具塞刻度试管 7 支,按顺序编号 0~6,然后按表 25-1 加入试剂。

表 25-1 不同管号加入试剂量

试剂	管号						
	0	1	2	3	4	5	6
麦芽糖标准液/mL	0	0.2	0.6	1.0	1.4	1.8	2.0
蒸馏水/mL	2.0	1.8	1.4	1.0	0.6	0.2	0
麦芽糖含量/mg	0	0.2	0.6	1.0	1.4	1.8	2.0
3,5-二硝基水杨酸/mL	2.0	2.0	2.0	2.0	2.0	2.0	2.0

将试管倒转摇匀,并于沸水浴中煮沸 5 min,取出后以流动水冷却,最后加蒸馏水定容至 20 mL。设置分光光度计波长 540 nm,以 0 号试管空白参比液为调零点,各试管分别比色测定光密度,再以麦芽糖含量为横坐标、光密度为纵坐标,绘制标准曲线。

2. 淀粉酶液的制备

称取芽长约 1 cm 萌发的小麦种子 1 g,与少量石英砂和 2 mL 蒸馏水,于研钵中研磨成匀浆,然后将研磨匀浆倒入离心管中,以 6 mL 蒸馏水少量多次将残渣洗入离心管,常温放置并每隔数分钟搅动 1 次,以使淀粉酶充分作用于淀粉。

15~20 min 后,以 3 000 r/min 转速离心 10 min,取上清液倒入 100 mL 容量瓶,用蒸馏水定容至刻度,倒转摇匀,即为淀粉酶原液,用于测定 α-淀粉酶的活性。

吸取 10 mL 淀粉酶原液,在 50 mL 容量瓶中用蒸馏水定容至刻度,倒转摇匀,即为淀粉酶稀释液,用于淀粉酶总活性的测定。

3. 酶活力的测定

取洁净的试管 6 支,分别按顺序编号 A-1、A-2、A-3、B-1、B-2、B-3,按表 25-2 进行操作。将各试管摇匀,显色后在 540 nm 波长下进行比色测定,记录光密度值(OD),并在标准曲线上查找还原糖含量。

表25-2 测定 α-淀粉酶和 β-淀粉酶活力操作表

操作项目	α-淀粉酶活力测定			β-淀粉酶活力测定		
	A-1	A-2	A-3	B-1	B-2	B-3
淀粉酶原液/mL	1.0	1.0	1.0	0	0	0
钝化 β-淀粉酶	置70℃水浴15 min,冷却					
淀粉酶稀释液/mL	0	0	0	1.0	1.0	1.0
3,5-二硝基水杨酸/mL	2.0	0	0	2.0	0	0
预保温,将各试管和淀粉溶液置于40℃恒温水浴中保温10 min						
1%淀粉溶液/mL	1.0	1.0	1.0	1.0	1.0	1.0
保温,在40℃恒温水浴中准确保温5 min						
3,5-二硝基水杨酸/mL	0	2.0	2.0	0	2.0	2.0

4.结果计算

以 $(OD_{A-2} + OD_{A-3})/2 - OD_{A-1}$ 的值在标准曲线上查出相应的麦芽糖含量(mg),按下列公式计算 α-淀粉酶的活力:

α-淀粉酶活力{麦芽糖质量(mg)/[样品鲜重(g)·5 min]} = 麦芽糖含量(mg)×淀粉酶原液总体积(mL)/样品重(g)

以 $(OD_{B-2} + OD_{B-3})/2 - OD_{B-1}$ 的值在标准曲线上查出相应的麦芽糖含量(mg),按下式计算(α+β)淀粉酶总活力:

(α+β)淀粉酶总活力{麦芽糖质量(mg)/[样品鲜重(g)·5 min]} = 麦芽糖含量(mg)×淀粉酶原液总体积(mL)×稀释倍数/样品重(g)

则 β-淀粉酶活力计算公式为

β-淀粉酶活力 =(α+β)淀粉酶总活力 - α-淀粉酶活力

五、注意事项

1.应根据不同种子材料淀粉酶活力强弱来确定样品提取液的定容体积和酶液的稀释倍数。

2.为了减小误差,需确保酶促反应时间的准确性,在进行保温这一步骤时,可以将各试管分别水浴保温操作,以确保每支试管均能准确记录时间,且能在到达5 min 时取出试管,然后立即加入 3,5-二硝基水杨酸来终止酶反应。同时恒温水浴温度变化应不超过 ±0.5℃。

3.在配制 3,5-二硝基水杨酸试剂时,每100 ml 试剂中宜加入苯酚 0.5 g(热水溶解)、偏重亚硫酸钠 0.5 g,可稳定显色。

六、实训报告

报告所测种子的淀粉酶活力,并做简要分析。

七、思考题

1. 根据实验总结影响本项目测定的因素有哪些,如何克服?
2. 根据 α – 淀粉酶和 β – 淀粉酶的特性,你还能想出哪些方法来测定二者的活力?

实训项目二十六　种子蛋白酶活性测定

一、实训目的

1. 理解种子蛋白酶活性测定的基本原理。
2. 掌握种子蛋白酶活性测定的方法和操作。

二、实训原理

在种子萌发过程中，随着吸胀过程结束，种子细胞中各种酶开始活化，呼吸和代谢作用急剧增强，此时蛋白酶能催化贮存在胚乳中的蛋白质，将其水解为氨基酸，此后氨基酸陆续被转运到胚轴供胚生长的需要，因此种子中蛋白酶活性与种子萌发的生命活动密切相关。

蛋白酶活性可用所生成的氨基酸的量来表示，氨基酸同时具有酸性的—COOH 基和碱性的—NH_2 基，两个基团共存使氨基酸呈现中性。通过加入甲醛溶液，使甲醛与—NH_2 结合，则碱性消失，再以标准强碱溶液来滴定—COOH，进而可以用标准强碱溶液的用量间接计算出氨基酸总量。反应式如下：

$$R-\underset{\underset{H_3N-O}{|}}{C}-\underset{\underset{NH_2}{||}}{\overset{O}{C}}-OH \xrightarrow{} R-\underset{\underset{NH_2}{|}}{\overset{H}{C}}-\overset{O}{C}-OH \xrightarrow{+HCHO} R-\underset{\underset{N=CH_2}{|}}{\overset{H}{C}}-COOH \xrightarrow{+NaOH} R-\underset{\underset{NH-CH_2OH}{|}}{C}H-COOH$$

$$\left[或 \quad R-\underset{\underset{HOH_2C-N-CH_2OH}{|}}{C}H-COOH \right] 或 \quad R-\underset{\underset{N=CH_2}{|}}{C}H-COONa \quad 或 \quad R-\underset{\underset{NH-CHO}{|}}{C}H-COOH$$

三、实训材料、仪器用具与试剂

1. 材料

玉米、小麦、大豆、水稻等充分吸胀的作物种子。

2. 仪器及用具

恒温水浴锅、低温离心机、研钵、容量瓶、滴定管、锥形瓶等。

3. 试剂

（1）0.5% 酚酞溶液（用 60% 酒精配制）。

（2）0.1 mol/L NaOH 溶液。准确称取 NaOH 4 g 溶于 500 mL 的蒸馏水（经煮沸后冷却）中，用橡皮塞将瓶口塞上，经标定后稀释为 0.1 mol/L NaOH 溶液。

（3）NaOH 溶液的标定。将草酸（$H_2C_2O_4 \cdot 2H_2O$）在 105 ℃ 条件下烘至恒重，准确称取 1.575 g，用蒸馏水（经煮沸后并冷却）溶解，最后定容至 250 mL，此草酸溶液的浓度为 0.05 mol/L。

吸取上述草酸溶液 10 mL,置于 50 mL 锥形瓶中,加入酚酞试剂 2 滴,用 0.1 mol/L NaOH 溶液滴定,至微红色。由消耗的 NaOH 溶液体积计算其摩尔浓度,重复 3 次,最后计算平均值。

(4)中性甲醛溶液。量取 50 mL 36% ~37% 甲醛溶液,加入 1 mL 0.5 mol/L 酚酞溶液,临用前用 0.1 mol/L NaOH 溶液滴定至微红色。

(5)0.1 mol/L 磷酸盐缓冲液(pH = 7.8)。

①A 液(0.1 mol/L Na_2HPO_4 溶液)

精确称取 3.581 4 g $Na_2HPO_4 \cdot 12H_2O$,将其倒入洁净的 100 mL 小烧杯中,先用少量蒸馏水将其溶解,然后移入 100 mL 容量瓶中,以蒸馏水定容并摇匀,置于 4 ℃ 冰箱中冷藏保存备用。

②B 液(0.1 mol/L NaH_2PO_4 溶液)

精确称取 0.780 g $NaH_2PO_4 \cdot 2H_2O$,将其倒入洁净的 50 mL 小烧杯中,先用少量蒸馏水将其溶解,然后移入 100 mL 容量瓶中,以蒸馏水定容并摇匀,置于 4 ℃ 冰箱中冷藏保存备用。

取 183 mL A 液与 17 mL B 液充分混匀后制成 0.1 mol/L pH 值为 7.8 的磷酸盐缓冲液,置于 4 ℃ 冰箱中冷藏保存备用。

③0.05 mol/L pH 值为 7.8 磷酸盐缓冲液

移取 50 mL 0.1 mol/L pH 值为 7.8 的磷酸盐缓冲液于 100 mL 容量瓶中,以蒸馏水定容并摇匀,置于 4 ℃ 冰箱中冷藏保存备用。

四、实训方法与步骤

1. 提取蛋白酶

(1)将所用种子材料预先在 -70 ℃ 条件下冷冻,保存备用。

(2)称取 0.3 g 上述种子材料,置于研钵中,加入 0.9 mL 0.05 mol/L pH 值为 7.8 磷酸盐缓冲液,再加入 0.03 g 聚乙烯吡咯烷酮,保持冰浴状态并充分研磨,将研磨液无损转移分装至 1.5 mL 离心管内,上下倒置摇匀,然后在 4 ℃ 低温下进行离心(12 000 r/min,20 min)处理。

(3)提取上清液,即为蛋白酶粗提液(该粗提液需置于冰上,并做好标记,宜现配现用,如暂时不用则于 -70 ℃ 下保存)。

(4)取双蒸水 0.3 mL,进行上述同样操作处理,作为对照实验。

2. 酶的水解反应

(1)取两支锥形瓶,分别在每瓶内加入蛋白酶粗提液 5 mL 和 0.05 mol/L pH 值为 7.8 磷酸盐缓冲液 5 mL,其中一支锥形瓶在沸水浴中加热(使酶失活)5 min,作为对照。

(2)向每支锥形瓶中加入蛋白胨 5 mL 和甲苯溶液 1 mL,塞上瓶塞,于 37 ℃ 恒温水浴恒温 12 ~24 h(记录酶促反应时间),之后取出锥形瓶并置于沸水中加热 5 min。

3. 氨基酸的滴定

(1)向每支锥形瓶中加入 3 滴酚酞试剂,用 0.1 mol/L NaOH 溶液滴定至微红色。

(2)再向每支锥形瓶中加入中性甲醛溶液 5 mL,摇匀后仍然用 0.1 mol/L NaOH 溶液滴定至红色,分别记录两支锥形瓶第二次滴定所消耗的 NaOH 溶液的体积。

4.结果计算

氨基氮含量计算公式如下：

$$氨基氮含量(mg/mg 蛋白) = (V - V_0) \times 1.400\ 8/蛋白质量(mg)$$

若以每小时 1 mg 蛋白酶解产生 1 mg 氨基氮为一个酶活性单位，则

$$酶活性[U/(mg 蛋白 \cdot h)] = (V - V_0) \times 1.400\ 8/蛋白质量(mg) \times t$$

式中　V_0——滴定空白锥形瓶所消耗的 0.1 mol/L NaOH 溶液的体积，mL；

　　　V——滴定样品锥形瓶所消耗的 0.1 mol/L NaOH 溶液的体积，mL；

　　　1.400 8——消耗 1 mL 0.1 mol/L NaOH 溶液相当的氨基氮，mg；

　　　t——酶促反应时间，h。

五、注意事项

1.酶促反应时间的长短应根据不同的种子材料和种子的发生时期而定。

2.蛋白类种子的酶活性相比淀粉类种子要高。

3.种子萌发过程中的酶活性要比发育过程中的高。

六、实训报告

报告所测种子的蛋白酶活性，并做比较和相关分析。

七、思考题

1.测定种子蛋白酶活性有何意义？

2.试分析影响种子蛋白酶活性测定的因素有哪些，如何克服？

第五篇　种子加工与贮藏实训

实训项目二十七　种子物理特性测定

一、实训目的

1. 掌握种子容重、相对密度、千粒重、种子堆散落性、密度和孔隙度的测定方法。
2. 掌握种子物理特性的影响因素。
3. 了解种子物理特性在种子加工与贮藏中的实际应用。

二、实训原理

种子的容重是指单位容积内种子的绝对质量,单位为"g/L"。

种子相对密度为一定的绝对体积的种子质量和同体积的水的质量之比,即种子的绝对质量和它的绝对体积之比。

种子装在容器中,所占的实际容积只是其中一部分,其余部分为种子间隙,充满着空气或其他气体。种子实际体积与容器的容积之比,用百分率表示,则为种子密度。容器内种子间隙的体积与容器的容积之比,用百分率表示,则为种子孔隙度。种子密度和种子孔隙度二者互为消长,和恒等于100%。

种子的散落性是指种子由高处自由下落时,向四周流散的性能,通常用静止角和自流角表示散落性的大小。种子静止角是指种粒在不受任何限制和帮助下,由高点自然落到水平面上所形成的圆锥体的斜面与锥底平面所构成的夹角。种子自流角是指种子堆放在其他物体平面上,将平面一端向上慢慢提起形成斜面,种子在斜面上开始滚动时的角度和绝大多数种子滚落时的角度。通过测定种子自流角和静止角的大小,可判断种子的散落性。

三、实训材料、仪器用具与试剂

1. 材料
小麦种子、玉米种子、水稻种子、大豆种子。
2. 仪器用具
天平、数种板、小刮板、镊子、样品盘、量筒、容重器、比重瓶、玻璃缸、玻璃板、量角器等。
3. 试剂
50%酒精或水。

四、实训方法与步骤

(一)种子容重的测定

1. 简易测定法
(1)准备2个1 L的量筒,分别倒入作物的种子至刻度线处,通过晃动充实种子空隙,并使种子的上表面与刻度线平行。

（2）称量每只量筒内种子的质量并计数。

（3）数据处理要求两次重复间差值不超过 5 g/L,则取平均值作为最终结果,结果保留整数;若超过 5 g/L,则需重新再测一次,直到在容许差距范围内。

2. 容重器测定

（1）容重器

一般均为排气式容重器。容器筒有 3 种规格,20 L 的一般用于国际上粮食进出口贸易,1 L 的用于一般的粮食和作物种子,0.25 L 的用于小粒种子。其中使用最为广泛的是 1 L 容器筒的容重器,如国产的 61～71 型容重器。

（2）容重器的安装和使用

①从箱内取出各部件,把容重器底座的箱子放平,在箱盖的固定位置上将秤杆支架装好,并安装秤杆。

②将排气铊放入容器筒内,挂在秤钩上,将游铊置于秤杆零点,并调节至平衡。

③在箱盖上面的容器座上安装容器筒,在其缝口内插入插片,再把排气铊放在插片上,然后将空筒套上。

④在漏斗筒内倒入约 1.2 L 的种子,置于空筒上,用左手食指将漏斗开关打开,使种子落入空筒内。

⑤用左手握牢容器,右手将插片迅速拉出,这时排气铊落到容器筒底部,种子也随即落入容器筒内,再立即插回插片。

⑥取下漏斗筒,从容器座上取下容器筒和空筒,用手指按住插片,将插片上多余的种子倒去,然后取下空筒,再将留下的少量种子倒干净。

⑦将插片拔去,把容器筒连同种子挂于秤钩进行称重,精确度为 0.5 g。

⑧每个样品重复测定两次,重复差容许差距为 5 g/L。如在容许差距内,则求两次的平均值;否则须再测一次,取其中最接近的两次数值,求其平均容重。

（二）种子相对密度的测定

1. 简易排水法

（1）取 3 只 10 mL 小量筒（三次重复）,分别装入 50% 酒精或水（试管容量的三分之一）,记下液面所达到的刻度。

（2）称取净种子样品 3～5 g,放入上述量筒中,此时记下液面上升的刻度,两次液面高度差,即为该种子的体积。

（3）根据相对密度公式进行计算,结果保留两位小数。

相对密度 = 种子质量（g）/种子体积（mL）

2. 比重瓶法

（1）称取 2～3 g 种子样品（W_1,精确到 mg）。

（2）在比重瓶内装入二甲苯（甲苯或 50% 酒精）至标线为止,多余部分用吸水纸吸去。若比重瓶配有磨口瓶塞,则需装到瓶塞处,再将溢出的二甲苯擦干。

（3）将上述比重瓶称重（W_2）。

（4）将一部分二甲苯倒出,在比重瓶中放入上述已称量的种子（W_1）,再次倒入二甲苯至比重瓶的标线处,将多余部分用吸水纸吸去。注意:种子表面不要有气泡产生,否则会影响测定结果。

（5）将装有种子和二甲苯的比重瓶称重（W_3）。

（6）应用下式计算种子相对密度（S）。

$$S = \frac{W_1 \times G}{W_2 + W_1 - W_3}$$

其中，G 代表二甲苯的相对密度，在 15 ℃ 时为 0.863（g/mL）。

（三）种子密度（种子密集程度）和孔隙度测定与计算

（1）种子密度＝种子容重（g/L）/种子相对密度（g/L）×10

（2）种子密度（％）＝1－种子孔隙度

孔隙度的测量：

（1）称取种子约 50 g，倒入 100 mL 量筒中，并使种面与刻度平行，记下种子在量筒内的体积（V_1）。

（2）另取一只 50 mL 量筒，倒入 40 mL 的酒精或水。

（3）将量筒内的酒精慢慢地倒入盛种子的量筒中，至液面与种面相平为止，计算倒入酒精的体积（V_2）。

（4）根据公式计算孔隙度和密度，结果保留整数。（3 次重复取平均值）

$$孔隙度 = V_2/V_1 \times 100\%$$
$$密度 = 100\% - 孔隙度$$

（四）种子散落性的测定

1. 种子静止角的测定

（1）量取一定数量的小麦、玉米、大豆等不同植物净种子，放置于干净玻璃缸内，以种子体积占玻璃缸总体积的三分之一为宜。

（2）将种子铺平后，盖上玻璃板，抬起玻璃缸慢慢向一侧横倒转动 90°，使所装种子形成斜面，斜面与底面形成的夹角即为静止角 α，重复 3 次。

（3）测量角度 α，取三次平均值作为最终结果。

2. 种子自流角的测定

（1）称量小麦、水稻等不同植物的净种子 10 g。

（2）将种子放于光滑玻璃板的一端，铺平。

（3）从一端缓慢抬起玻璃板，当种子开始滑落时，玻璃板与水平面形成夹角 α_1，继续慢慢抬起玻璃板至绝大多数种子滑落，此时玻璃板与水平面形成夹角 α_2，如图 27－1 所示。

（4）测量 α_1，α_2，则 $\alpha_1 \sim \alpha_2$ 范围内的幅度为种子自流角，重复 3 次，取平均值。

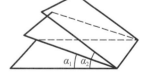

图 27－1 种子自流角的测定

3. 种子对仓壁侧压力的计算

根据以上所测得的数据，计算种子对仓壁的侧压力。公式为

$$P = 0.5 \times m \times h^2 \times \tan^2(45° - 0.5\alpha)$$

其中，P 为侧压力（kg/m）；m 为种子容重（kg/m³）；h 为种子堆高度（m）；tan 为正切函数；α 为静止角（°）。

注：大豆、玉米种子容重为 730 kg/m^3，小麦种子容重为 700 kg/m^3；一般种子堆高度为 2.5 m。

五、注意事项

1. 在测定容重前须先除去种子中的各种杂质，因为杂质会影响容重测定结果的一致性和正确性。全部工作须在一定的温度下进行。

2. 容重测定一般适用于麦类、玉米和豆类种子，而水稻种子因带有稃壳，其表面又覆有稃毛，充实饱满的水稻种子不一定能从容重反映出来，因此一般不将水稻的容重作为检验项目。

3. 测量静止角和自流角时，注意避免不一致因素产生的影响，每个样品最好多测几次，同时要注意种子的水分的差异性等因素。

六、结果与分析

1. 列表并分析所测作物品种的容重、相对密度、密度和孔隙度。
2. 所测种子的静止角、自流角及其对仓壁产生的侧压力。
3. 根据实验数据结果分析所测三类种子的散落性大小关系。

七、思考题

1. 本实验所测得的种子容重、相对密度、密度和孔隙度与哪些因素有关，有什么关系？
2. 影响种子的散落性因素有哪些，是如何影响的？

实训项目二十八　种子筛选机的使用

一、实训目的

1. 了解种子筛选机的基本工作原理,明确其适用对象。
2. 掌握种子筛选机的使用方法。

二、实训原理

按照种子的大小清选种子的常用设备有分级机、种子筛选机和窝眼筒清选机等。种子筛选机主要是利用种子厚度或宽度的不同对各类种子进行筛选,也可对少量种子进行分级,常配备有长孔筛和圆孔筛两种筛片。

种子筛选机结构示意图如图28－1所示,由电磁振动给料器、机架、进料斗、筛箱、传动系统、控制面板、接料斗等组成。筛箱中安有三层不同形状和孔径的筛片。在电磁振动给料器的驱动下,进料斗中的种子可均匀落到筛箱中的第一层筛面上,小于筛孔尺寸的种子可直接落到第二层筛面上,尺寸大于筛孔的种子则沿倾斜筛面从大粒排料口漏出;在第二层筛面上,尺寸小于筛孔的种子落到第三层筛面上,大于筛孔尺寸的种子从相应料口排出;在第三层面,漏出的是小杂质或破碎的种子,由相应排料口排出,尺寸大于筛孔的则为好种子,从对应排料口排出。

1—机架;2—进料斗;3—筛箱;4—曲柄连杆机构;5—电机;6—接料斗

图 28－1　种子筛选机结构示意图

三、实训材料与仪器设备

1. 材料

玉米、水稻、小麦等作物种子。

2. 仪器设备

种子筛选机。

四、实训方法与步骤

1. 操作前的准备

(1)检查设备各部分是否完好连接,筛箱中是否有残留的杂质和种子。

(2)根据待清选的种子特点,选择适合形状和孔径的筛片,分别安装在合适的筛层上;检查橡胶球是否在固定格中,然后用固定螺栓将筛片挡板锁紧;检查所有接料口是否都配有接料斗。

(3)检查电磁振动给料器旋钮是否置于"0"位置。

2. 开机试运行

连通电源,将开关打开,让机器进行 5 min 的空转,确定运行处于良好状态。

3. 清选分级

(1)从进料斗倒入种子,调节进料斗活门上下开度至合适位置。

(2)为确保筛箱中橡胶球能够上下充分运动,应及时清理筛片,需调节筛箱震动频率为 300 次/min 左右为宜。

(3)按顺时针方向调节电磁振动给料器旋钮,调整单位时间内种子的喂入量,使种子均匀、平稳地进入筛箱中,种子料层厚度控制在 5 ~ 10 mm,一般为种子厚度的两倍左右。

(4)通过调节筛箱振动频率旋钮和电磁振动给料速度,可以调节种子在筛片上的运行速度,从而调节筛选质量。

4. 后续处理

(1)筛选结束后,关闭电磁振动给料器,保持筛箱继续运行 3 min 左右。

(2)切断电源,打开筛箱,清理机器内部残留的种子及杂质。

五、注意事项

1. 筛选前应根据种子形状、大小选装合适的筛片,根据厚度分选应选择长孔筛,根据宽度分选应选择圆孔筛。

2. 机器工作过程中,随时监测筛选质量,调整相关参数。

3. 为了防止产生机械混杂现象,对不同品种进行加工时,要彻底清理机器内部残留的种子及杂质。

实训项目二十九　种子风选机的使用

一、实训目的

1. 了解种子风选机的清选原理。
2. 掌握风选机的具体操作方法。

二、实训原理

种子风选机主要用于去除种子中的杂质及瘪粒、霉变粒等,是利用种子和杂质、瘪粒等混杂物在与气流相对运动时受到的作用力进行分离的。种子风选机结构示意图如图29－1所示。其工作原理为:进料斗中的种子在下落过程中,好种子保持悬浮状态,被前吸风道吸到中间箱体;临界飘浮速度小的杂质及瘪粒上升高度最高,被后吸风道吸到最右侧箱体中;而临界飘浮速度大的大粒种子或石子则直接下落到接料斗中。

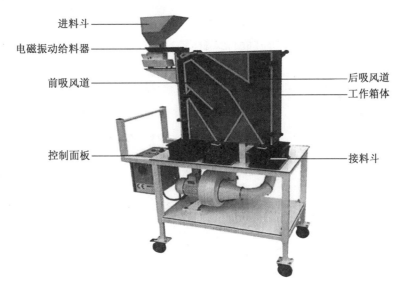

图29－1　种子风选机结构示意图

三、实训材料与仪器设备

1. 材料
蔬菜或玉米、大豆、水稻等作物种子。
2. 仪器设备
种子风选机。

四、实训方法与步骤

1. 操作前的准备

检查种子风选机的风量大小、电磁振动给料器旋钮是否置于"0"挡,以及所有接料口是否配有接料斗。

2. 开机试运行

接通电源,打开开关,空机运转 5 min,以便确定机器运行良好。

3. 风选

(1)在进料斗中喂入种子,调节进料斗活门上下开度至合适位置,将螺母锁紧。

(2)调整前后吸风道及进风口的大小。

(3)将电磁振动给料器旋钮按顺时针方向调节,观察种子在箱体中的分布情况,以可以将种子与杂质分开为宜。

4. 后续处理

(1)喂料结束后,关闭电磁振动给料器,保持机器继续运行片刻,将风量旋钮关闭。

(2)把箱体下面的固定门打开,种子下落到接料斗中。

(3)切断电源。

五、注意事项

1. 在种子风选机工作过程中,应随时监测种子筛选质量,若种子质量不佳,可调整相关参数。

2. 对不同种子或品种进行加工时,为了防止产生机械混杂现象,要彻底清理机器内部残留的种子及杂质。

实训项目三十　种子风筛清选机的使用

一、实训目的

1. 了解种子风筛清选机的筛选工作原理。
2. 掌握种子风筛清选机的操作使用方法。

二、实训原理

　　种子风筛清选机是将风选与筛选装置有机地结合在一起组成的机器,主要利用种子的空气动力学特性进行风选,清除种子中的灰尘和颖壳,利用种子的尺寸特性进行筛选,并清除种子中的杂质。

　　种子风筛清选机由电磁振动给料器、前后风选系统、进料斗、筛箱体、传动系统、机架、控制面板、接料斗等组成(图30－1和图30－2)。种子在筛面上的运行速度可通过调节筛箱振动频率旋钮来实现;种子中的灰尘、轻杂和秕粒可以通过前后吸风道清除;筛箱中安装上、中、下三层筛片,分别用于分离大杂质、大粒种子,中等杂质,小杂质及小粒种子。

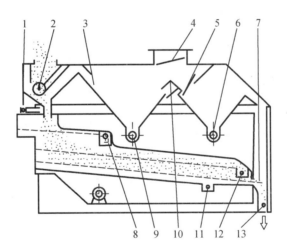

1—喂入轮转速调节手柄;2—喂入辊;3—前吸风道调节阀;4—主风门;
5—后吸风道调节阀;6—后吸风道杂余搅龙;7—调风板;8—大杂质;
9—前吸风道杂余搅龙;10—风压平衡调节阀;11—小杂质;12—中杂质;13—后吸风道。
图30－1　5X－4.0型种子风筛清选机结构图

　　工作原理:在电磁振动给料器的驱动下,进料斗中的种子均匀进入筛箱,一部分尘土及秕粒、轻杂质被前吸风道吸入旋风除尘器,其余种子直接进入上层筛,大于上筛孔径的杂质留在上层筛面并由相应排料口排出,剩下种子落入中间筛层;大于中层筛孔尺寸的种子经筛箱振动由出料口直接排出,小于中筛尺寸的种子落入下层筛,而小粒、土粒、破碎粒等小杂质穿过下筛由废料口排出。下层筛上留下的种子经过后吸风道时,其中的轻杂质、秕粒等由后吸风道吹入沉降室,在集杂盒中聚集,而从主排料口排出合格的种子。

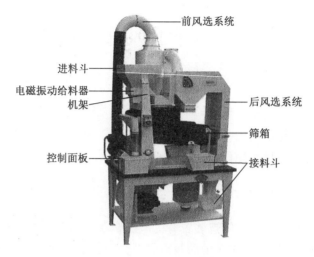

前风选系统

进料斗

电磁振动给料器

机架

后风选系统

筛箱

控制面板

接料斗

图30-2 种子风筛清选机

三、实训材料与仪器设备

1. 材料

大豆、小麦、玉米或者水稻种子。

2. 仪器设备

种子风筛清选机。

四、实训方法与步骤

1. 操作前的准备

(1)根据待分选种子的形状、大小等物理特性选择适合的筛片进行安装。

(2)检测筛箱内是否有上次筛选加工后残留的其他种子和杂质。

(3)检查橡胶球是否在其固定格中,锁紧挡板固定螺栓。

(4)检查筛箱振动频率指针是否置于"0"挡位;电磁振动给料器旋钮是否置于"0"挡位。

(5)检查各个风量调节阀门是否处于关闭状态,接料斗是否齐全。

2. 开机试运行

接通电源,打开开关,空机运转5 min,以便确定机器运行良好。

3. 风筛选

(1)将种子喂入进料斗,调节进料斗活门上下开度至合适位置后,锁紧螺母。

(2)启动风机,为保证筛箱中橡胶球能够上下充分运动,筛箱振动频率调整至300次/min左右。

(3)将电磁振动给料器旋钮按顺时针方向调节,调整单位时间内种子的喂入量,确保种子均匀、平稳地喂入筛箱中,然后观察种子在筛面上的分布情况和厚度(不超过种子厚度的3倍),保证种子在筛面上连续、均匀即可。

4. 后续处理

（1）风筛工作结束后，为使筛箱内的种子尽可能运动出来，应立即将电磁振动给料器关闭，保持机器继续运行 3 min 左右。

（2）关闭筛箱振动系统及前后风门。

（3）切断电源，打开筛箱，清理干净，确保无残留。

五、注意事项

1. 在风筛清选机工作过程中，应随时监测种子筛选质量，若种子质量不佳，可调整相关参数。

2. 对不同种子或品种进行加工时，为了防止产生机械混杂现象，要彻底清理机器内部残留的种子及杂质。

实训项目三十一　种子窝眼筒清选机的使用

一、实训目的

1. 了解种子窝眼筒清选机的筛选工作原理。
2. 了解种子窝眼筒清选机的适用对象
3. 掌握种子窝眼筒清选机的具体操作方法。

二、实训原理

种子窝眼筒清选机主要是利用种子的长度差异对各类种子进行筛选,也可对少量种子进行分级。根据种子与杂质的长度不同,该机器可清除混入种子中的不同长短的杂质,如小麦种子中的野燕麦,水稻种子中的米粒等。

种子窝眼筒清选机如图31－1和图31－2所示,由电磁振动给料器、窝眼滚筒、进料斗、机架、U形集料槽、控制面板、接料斗等组成。其筛选原理为:若种子长度小于窝眼直径的尺寸,则其可完全进入窝眼中,并随着滚筒上升到一定高度,然后靠自身质量落入滚筒内的U形集料槽中,随着U形集料槽滚筒轴线方向的前后振动,由排料口排出;若种子长度大于窝眼直径的尺寸,则其不能进入或只能部分进入窝眼中,然后随着滚筒的转动,沿着筒壁逐步向排料口移动,从而将该批种子按长度尺寸分为两部分。

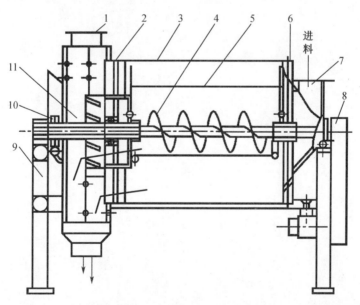

1—吸尘口;2—后幅盘;3—窝眼滚筒;4—短物料螺旋输送器及传动轴;5—U形集料槽;
6—前幅盘;7—进料管;8—传动装置;9—机架;10—集料槽调节装置;11—排料装置。

图31－1　种子窝眼筒清选机结构图

图 31 - 2　种子窝眼筒清选机外形

三、实训材料与仪器设备

1. 材料
小麦、大麦或水稻等长粒作物种子。
2. 仪器设备
种子窝眼筒清选机。

四、实训方法与步骤

1. 操作前的准备
(1)检查设备中各部件是否完好连接。
(2)根据拟筛分种子批的情况,选择直径适合的滚筒进行安装。
淘汰水稻种子批长杂质时选用的窝眼孔直径为 8.5 ~ 9.0 mm,淘汰水稻种子批中短杂质时选用的窝眼孔直径为 5.6 ~ 6.3 mm;淘汰小麦种子批中长杂质时选用的窝眼孔直径为 8.0 ~ 9.0 mm,淘汰小麦种子批中短杂质时选用的窝眼孔直径为 4.5 ~ 5.5 mm。
(3)检查滚筒内是否残留有上一批清选的种子或杂质。
(4)检查窝眼滚筒调速指针预设置是否在"0"挡位置;U 形集料槽角度预设在 - 20°位置处,窝眼滚筒安装角度应该是 - 2°。
(5)检查各接料口的接料斗是否齐全。
2. 开机试运行
接通电源,让机器空转 5 min,以便确定是否运行良好。
3. 清选与分选
(1)将种子喂入进料斗,调节进料斗活门上下开度至合适位置后,锁紧螺母。
(2)滚筒旋钮按顺时针方向调节,将滚筒转速调整至 40 r/min 左右。

（3）通过电磁振动给料器,调整单位时间内种子的喂入量,使种子均匀、平稳地落入滚筒内。

在分选过程中,可以根据排料口长粒、短粒的具体情况,适当调节滚筒转速、滚筒倾斜角度和 U 形集料槽的倾斜角度,从而调整长粒、短粒的分布情况,以获得最佳分选结果。通常集料槽斜面与水平面的夹角为 30°～40°,滚筒倾角以 1.5°～3.5°为宜。

清除长杂质时,好种子从 U 形集料槽出口排出,长杂质从滚筒排料口排出;清除短杂质时,好种子从滚筒排料口排出,短杂质从 U 形集料槽出口排出。

4. 后续处理

（1）分选工作结束后,关闭电磁振动给料器,保持窝眼滚筒继续运行 3 min,使滚筒中的种子尽可能排出来。

（2）关闭电源,拆下挡料板,清理干净 U 形集料槽内部与窝眼滚筒。

五、注意事项

1. 作业前应根据种子大小、粒型选装合适直径的窝眼孔筛片。

2. 作业过程中,应随时监测种子筛选质量,若种子质量不佳,可调整相关参数。

3. 对不同品种进行加工时,要彻底清理机器内部残留的其他种子及杂质,以防产生机械混杂。

实训项目三十二 种子干燥机的使用

一、实训目的

1. 了解种子干燥机各项性能指标。
2. 掌握种子干燥机的使用及操作方法。

二、实训原理

种子干燥是种子安全贮藏的首要前提,也是种子加工中的重要环节。种子干燥的方法主要有加热干燥、机械通风干燥、自然干燥和除湿干燥等。其中,加热干燥是目前种子干燥的主要方法,它是以热空气作为干燥介质,将种子水分汽化带走,从而达到干燥种子的目的。

目前,我国种子行业种子干燥的主要机型是三久干燥机,该干燥机集目前世界最先进的自动化技术于一体,是适合于麦类、水稻、大豆、玉米等主要农作物种子干燥的适用设备(图32-1),具有低温大风量、干燥均匀、干燥缓苏交替进行、爆腰率低、薄层多通道、进出料速度快、稻米品质好、能耗低、自动化程度高等优点。

三久干燥机为批式循环型干燥机,利用干燥段横穿过的热风对种子进行干燥,而在缓苏段则使种子内的水分差均匀化。缓苏时间根据种子在干燥段的热风温度和干燥时间长短而定,即热风温度越低,干燥时间越短,需要的缓苏时间越短,反之,缓苏时间就越长。

该机机身前方有两个控制旋钮,其中一个是谷物类别选择钮(有稻谷、高粱、玉米等);另一个是终水分设定钮,设定之后干燥机会自动工作,达到要求的水分时停机,因此,自动控制系统水平较高。

三、实训材料与仪器设备

1. 材料
玉米、水稻、大豆、小麦等主要农作物种子。
2. 仪器设备
NP-60型低温三久干燥机。

四、实训方法与步骤

1. 试运转前的检查
(1)干燥机安装后或者在每季工作之前应进行试运转。试运转前应检查电源插座、电线是否完好。
(2)检查燃料品质是否过关,油箱是否清洁,排尘风管、排风管及相关安全盖子是否达到要求。

图 32 - 1　三久干燥机

2. 试运转

(1)打开总电源,电源灯亮。

(2)将烘干定时开关转到"连续"位置或某一定时位置,按"入谷"按钮,则马达回转,确认马达是否运转及转动方向。

(3)检查排尘机、排风机,以及升降机上、下部螺旋送料器等是否有异常杂音。

(4)检查完成后,按"停止"按钮,试运行结束。

3. 燃烧机的点火试运转操作

(1)设定"温度"钮在40 ℃左右,将"干燥"按钮按下后,热风马达会转动,并显示热风温度,燃烧机会在2~3 s后点火,片刻后燃烧机火焰会以大火—小火—熄火的过程,重复点火燃烧。

(2)检查完毕后,按下"停止"按钮,结束此操作。

4. 入谷过程

(1)打开总电源,电源灯亮。

(2)拉下谷物排出开关"闭"拉绳,设定定时开关,按下"入谷"按钮,此时,机器处于入谷状态。然后打开大漏斗,谷物由大漏斗进入烘干机。当谷物量满时,满量检知器会发出蜂鸣声,应立即按下"停止"按钮。

(3)切断总电源,关闭大漏斗。

5. 烘干过程

当燃烧加温接近某一设定温度时,会重复大火—小火—熄火的燃烧过程。自动保持谷物温度在设定温度左右。全自动电脑水分测定计可随时测定当前的平均水分值,当烘干达到水分设定值时,则会自动停机。

(1)打开总电源,打开油箱开关,设定定时开关,设定热风温度开关(对照热风温度表),按下"干燥"按钮,即可开始烘干。

（2）烘干结束后，切断电源。

6. 排出过程

在排出种子之前，必须用水分测定计再次确认种子含水率，将符合含水要求的种子排出机外。

（1）打开总电源，电源灯亮。定时开关转到"连续"位置，按下"排出"按钮，则开始排出运转，此时拉下谷物排出开关"开"拉绳，种子即可排出。

（2）种子排出后，按下"停止"按钮，拉下谷物排出开关"闭"拉绳。

（3）切断总电源，电源灯熄灭，即可进行下一次工作循环。

五、注意事项

1. 若湿谷物中混有大量稻草等杂物，不但会影响谷物的流动，还可能会引起堵塞或干燥不均匀，因此在干燥前需用筛选机进行粗选。

2. 热风温度要依入谷量、外界气温等的变化而设定。为避免影响谷物品质，烘干时要参考热风温度表。

3. 造成机器故障的重要原因之一是入料过多，入料到达满量时，蜂鸣器会发出声音，但不会自动停止入料，这一点要特别注意。

4. 若干燥机不用时，应及时清扫，取出残留谷物，关好所有进、出口，防止虫、鼠、鸟等进入机内。

实训项目三十三　种子包衣技术

一、实训目的

1. 了解种子包衣剂的配方、类型与特点。
2. 了解种子包衣机械及其操作程序和种子丸化的基本原理。
3. 学会种子包衣过程中的安全防护知识。
4. 掌握包衣种子的保存和安全播种知识。

二、实训原理

种子包衣是一项广泛应用的种子处理新技术,大多数的种子企业均会对种子进行包衣处理。种子包衣主要是将杀菌剂、杀虫剂、植物生长调节剂、肥料、微量元素、着色剂、助剂等利用黏着剂或成膜剂将其包裹在种子外面,以防病虫害,增强种子抗性。目前,生产上主要有包膜和丸化两种包衣形式。

种子包膜适用于大豆、水稻、玉米、小麦等大粒种子和中粒种子。种子包膜主要是将杀虫剂、杀菌剂、肥料、微量元素、染料等利用成膜剂包裹在种子外面,形成一层薄膜,基本保持种子形状,但根据种衣剂类型不同,体积和质量会有所变化。

种子丸化是在种子包衣基础上发展起来的,是一种现代化农业高新技术。该技术是将杀虫剂、杀菌剂、植物生长调节剂、肥料及其他辅料等非种子物质通过机械加工包裹在种子外面,形成粒度均匀的丸粒化种子。种子丸化后表面光滑,质量和体积明显增加,以适应播种机的要求。

三、实训材料与仪器用具

1. 材料
(1)种子材料
玉米、油菜、白菜、甘蓝等作物种子,玉米种衣剂。
(2)惰性物质
黏土、泥炭、硅藻土、炉灰等。
(3)黏合剂
阿拉伯树胶、聚乙烯醇等。
2. 仪器用具
5BP-3型种子包衣机(图33-1)、5ZW-3型种子丸化包衣机(图33-2)、干燥箱、电子秤、小型喷雾器、中号编织袋、记号笔、烧杯、筛子、口罩、样品盘、一次性手套或橡胶手套等。

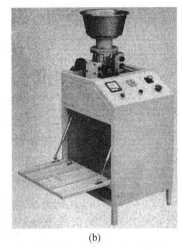
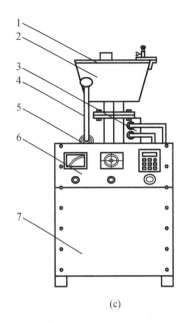

(a)　　　　　　　(b)　　　　　　　(c)

1—混合钵盖;2—混合钵;3—传动系统;4—排料手柄;5—托盘架;6—控制面板;7—支架。

图 33 - 1　5BP - 3 型种子包衣机

四、实训方法与步骤

(一)种子包衣

严格按照 5BP - 3 型种子包衣机说明书的要求,正确使用其对玉米种子进行包衣操作。

1. 电控说明

(1)接通开关,红灯亮,然后按下启动按钮,绿灯亮,变频器通电;调整继电器选择合适时间,打开变频器开关,调整适合频率,电机工作。

(2)工作结束后,按下停止按钮,电机停止工作。当遇到紧急情况时,按下急停开关,则电机立即停止工作。

2. 种子包衣操作规程

(1)确定转盘速度和包衣时间

根据种衣剂要求的药种配比和拟包衣种子样品的类别,设定转盘速度和包衣时间。对于外表均匀、光滑、颗粒较大的种子,转盘运行速度和包衣时间应稍低一些。

对于表面粗糙或颗粒较轻的种子,则包衣时间应适当延长。通常情况下,包衣时间为 2 ~ 5 min,转盘速度为 200 ~ 1 400 r/min。

(2)准备

①检查传动系统与混合钵是否牢固连接。

②检查混合钵盖处的接触开关是否安全可靠。

③用电子天平称取玉米种子 2 kg,重复 3 次。

④根据种衣剂药种配比要求,精确计算所需种衣剂的用量。

⑤用规格相同的量杯,称取质量相同的种衣剂 3 份。

(3)操作程序

①通过控制面板设定包衣时间和转盘运行速度。

②在混合钵中倒入其中一份样品,随即盖上混合钵盖,按下"启动"按钮,使机器开始运转。

③将一份预先称量好的种衣剂,通过混合钵盖上的小孔缓慢、均匀地倒入混合钵中,使种子表面被种衣剂药液均匀覆盖。

④混合钵内转盘运转停止后,把排料手柄拉下,将钵内包衣种子倒入料斗中。

⑤若包衣结果不理想,可以重新设定包衣时间和转盘运行速度,重复上述操作过程,可取得最佳的效果。

⑥包衣程序结束后,关闭机器电源,拔下电源插头,将混合钵内外用湿布擦拭干净。

(二)种子丸化技术

种子丸化的主要加工工艺流程:种子→精选分级→消毒→黏合剂浸湿→与农药、肥料等种衣剂混合进行丸粒化→丸化成型。

1.5BP-3 型种子丸化包衣机的使用

使用 5BP-3 型种子丸化包衣机丸化种子,其丸化基本操作与包衣操作规程相同,但也有不同之处,主要表现在以下几方面:

(1)种子样品的质量要减少很多,一般为种子包衣试验样品的 1/3 左右。

(2)按照种子丸化的程序,需计算出每个步骤丸化所需丸化物质和黏合剂的质量。

(3)在混合钵内均匀倒入丸化物质和黏合剂,使种子表面被丸化物均匀包敷,形成一个丸化层;再次加入丸化物质和黏合剂,以增厚种子表面丸化层;顺次进行第三次加入丸化物质和黏合剂,使种子表面丸化层再次增厚。这样,种子颗粒体积得以逐渐增大。

(4)在每个步骤操作过程中,如果钵内有多余的丸化剂,则黏合剂用量也相应适当增加,并将包敷时间也适当延长。

2.5ZW-3 型种子丸化包衣机的使用

依据 5ZW-3 型种子丸化包衣机(图 33-2)仪器说明书的要求,正确使用其对油菜种子进行丸化。

(1)电控操作说明

接通开关,按下"启动"按钮,启动电机。工作结束后,按下"停止"按钮,电机立即停止工作。

(2)种子丸化操作程序

根据拟丸化实验种子样品类别情况和种衣剂要求的药种配比,初步设定仓角角度。对于颗粒表面粗糙或颗粒较轻的种子,仓角角度应设置稍小一些;对于颗粒外表光滑、均匀且较大的种子,仓角角度应设置稍大一些。根据种子的丸化效果确定具体的丸化时间。

①准备工作

a.检查传动系统与丸粒仓筒是否牢固连接。

b.检查控制按钮处的接触开关是否安全可靠。

c.根据待丸化种子的基本情况,用电子天平称取质量相同的种子样品 3 份。

d.根据种衣剂药种的配比要求,计算种衣剂的具体用量。

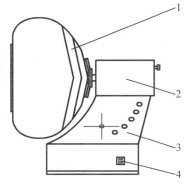

1—丸粒仓筒;2—传动系统;3—支架;4.控制按钮。

图 33 – 2　5ZW – 3 型种子丸化包衣机

e.用规格相同的量杯,称取质量相同的种衣剂 3 份。

②操作程序

a.设定适合的仓角角度。

b.向丸粒仓筒中倒入一份待丸化种子样品和种衣剂,按下"启动"按钮,设备开始运转,进行丸化。

c.丸化结束后,按下"停止"按钮,设备立即停止工作,随即从丸粒仓筒中将丸化好的种子取出。

d.如果丸化结果不理想,可以再次进行丸化工作,继续重复上述操作流程,以达到最佳的丸化效果。

e丸化操作彻底结束后,关闭设备电源,拔下电源插头,将丸粒仓筒内外用湿布擦拭干净。

五、注意事项

1.种衣剂的贮存保管要安全,存放种衣剂的地方严禁儿童和其他无关人员进入,必须有专人严加保管。

2.在包衣工作过程中必须做好个人防护,穿工作服,戴口罩和手套,种衣剂不能接触皮肤,工作结束后立即脱去各种防护,并做好手和面部的清洁工作。

3.包衣的种子必须成膜晾干后才可进行播种。

4.包衣种子常用袋装,包装袋上要标明药剂名称、有效成分及含量、注意事项等,若其中的药剂有毒,要辅以特殊标记。

5.包衣种子与未包衣种子要分库贮藏。

6.注意包衣机使用后的日常保养和维护。

六、实训报告

分析包衣种子的质量,并做简要分析。

七、思考题

1. 包衣操作对种子有哪些要求？
2. 阐述种子丸化在农业生产上的应用价值。
3. 阐述种子包衣的意义。

实训项目三十四　种子引发技术

一、实训目的

1. 了解种子引发的基本技术及引发效应的基本原理。
2. 理解引发处理对种子萌发的影响。
3. 掌握种子引发的具体操作。

二、实训原理

种子引发技术可以打破种子休眠状态,是一种控制种子缓慢吸水的种子处理技术。种子引发的原理是控制种子缓慢吸水使其停留在萌发吸胀的第二阶段,使种子处在细胞膜、细胞器、DNA 的修复、酶活化准备萌发的代谢状态,此时,允许进行预萌发的代谢作用,但防止胚根伸出。胚根伸出前,种子有忍耐干燥的能力,因此引发后的种子可以通过干燥降低水分。引发种子干燥后可以贮藏或播种。

种子引发是一种有效的种子处理技术,经引发的种子,具有活力高、发芽快、出苗齐、成苗率高、抗性强、耐低温等优势,从而间接节约种子,降低生产成本,提高经济效益。

三、实训材料、仪器用具与试剂

1. 材料

莴苣种子(在 35℃ 条件下吸胀发芽会进入热休眠,引发处理可以减轻其热休眠)。

2. 仪器及用具

发芽箱、培养皿、发芽纸、封口膜。

3. 试剂

聚乙二醇、PEG 8000(相对分子质量为 8 000)等。

PEG 8000 溶液:准确称取 31.38 g PEG 8000,溶于 100 mL 蒸馏水中即可。

四、实训方法与步骤

1. 种子引发

(1)在 9 cm 培养皿内放置 50 粒莴苣种子,然后加入渗透势为 – 1.25 MPa 的 PEG 8000 溶液,立即用封口膜将培养皿密封,共重复 4 次。

(2)将上述 4 个培养皿置于发芽箱内,20 ℃ 黑暗条件下放置 7 d,进行种子的引发过程。引发结束后,用自来水快速冲洗种子,将种子表面水分用滤纸吸干,放在室温下进行 24 h 的回干处理。

2. 种子发芽

(1)在培养皿内放置 3 层滤纸,用自来水浸湿至饱和,然后均匀放置 50 粒上述引发后回干的莴苣种子,共重复 4 次。

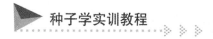

（2）将上述处理两两为一组分别置于 35 ℃和 20 ℃的温度条件下进行标准发芽实验，同时将未经引发处理的莴苣种子作为对照组。

（3）记录 7 d 发芽种子数，第 1 天每 6 h 记录 1 次，第 2 天开始每天记录 1 次。

3. 结果计算

根据每天记录的发芽种子数，计算发芽率（%）、发芽指数（G_I）和平均发芽时间（MG_T）。

$$G_I = \sum G_t / D_t$$

$$MG_T = \sum (G_t \times D_t) / \sum G_t$$

式中，G_t 为不同时间的发芽数，D_t 为发芽日数。

五、注意事项

1. 种子引发过程中，防止种子发霉。

2. 引发后的种子要用自来水快速冲洗，避免引发剂干燥在种子表面，不利于后期种子贮藏与发芽。

六、实训报告

完成表 34 – 1，并作简要分析。

表 34 – 1　种子引发处理及发芽数据记录表

实验种子（学名）：　　　　　　　　种子起始质量/g
引发液（浓度）：　　　　　　　　引发时间（温度）：
发芽置床日期：

是否引发	发芽条件	重复	计数 1	计数 2	计数 3	计数 4	计数 5	计数 6	计数 7	计数 8	计数 9	计数 10	计数 11	计数 12	发芽率/%	发芽指数	平均发芽时间
		1															
		2															
		3															
		4															
		平均值															

七、思考题

1. 比较在 20 ℃发芽和 35 ℃发芽条件下引发和未引发种子发芽率、发芽速度和发芽指数的差异。

2. 影响种子引发效果的因素有哪些？

实训项目三十五 种子常温贮藏技术

一、实训目的

1. 了解常温种子贮藏的原理。
2. 掌握种子常温贮藏期间的常规管理工作。
3. 学会处理种子常温贮藏出现的结露和发热等异常现象。

二、实训原理

种子从收获到再次播种前需要经过或长或短的贮藏阶段。种子贮藏期限的长短,因作物种类、种子用途、贮藏条件等而有所不同。对种子安全贮藏影响较大的代谢是种子的呼吸作用。种子常温贮藏是在常温环境下,通过人为地控制仓储环境的温度、湿度和通气等贮藏条件,降低种子的呼吸作用,从而使种子的新陈代谢处于不活跃状态,种子劣变降低到最低限度,有效地保持较高的种子活力,从而确保种子的播种价值。

三、实训材料与仪器用具

1. 材料
待储藏的玉米、水稻、小麦、大豆等作物种子。
2. 仪器及用具
烘箱、风机等。

四、实训方法与步骤

(一)种子入库前的准备

1. 仓库的检修
种子入库前要对仓库进行全面检查和维修,主要查看种子仓库门窗是否完好、是否安全、防鼠防雀是否到位。若发现问题,应及时进行维修。
2. 清仓
清除仓库内的垃圾、杂质、异作物或异品种的种子及仓外的杂草、垃圾等;修补墙面和嵌缝,仓储用具清洁干净,确保仓内外环境整洁。
3. 消毒
为了彻底消灭仓储害虫,必须进行仓内消毒。一般用温和的消毒剂以喷雾或熏蒸的方式进行消毒。注意:消毒后要开窗通风,减少残留。

(二)种子准备

1. 种子入库的标准

因我国南北各地气候条件存在差异,种子入库的标准也不同。各类种子入库的具体标准可参考原国家技术监督局发布的种子质量标准《粮食作物种子 第1部分:禾谷类》(GB 4404.1—2008)、《粮食作物种子 第2部分:豆类》(GB 4404.2—2010)、《粮食作物种子 第3部分:荞麦》(GB 4404.3—2010)等规定。高寒地区和长城以北的高粱、玉米、水稻的水分应在13%~16%。若种子不符合标准,应该重新进行清选、干燥、分级等加工处理,直到检验合格后,方可入库。

2. 种子划分

种子在入库之前,要按照作物种类、品种、产地、收获期、种子水分、纯度及净度的不同分别堆放和处理,严防混杂堆放。

(三)入库堆放

袋装种子可以采用实垛、通风垛、非字形垛和半非字形垛等方式堆放,如图35-1所示。

| 非字形垛 | 实垛 |

图35-1 堆放方式

散装种子可采用全仓散堆、单间散堆和围包散堆等方式。

全仓散堆堆放的种子数量较多,仓容利用率高。若是多个品种,可将全仓隔成几个单间进行堆放,即单间散堆,可避免产生混杂现象。围包散堆适用于仓壁不十分坚固,没有防潮层的仓库。围包散堆如图35-2所示。

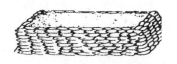

图35-2 围包散堆

(四)种子贮藏期间的管理

1. 种子贮藏管理制度

岗位责任制度:明确库房的业务、行政负责人和种子贮藏技术人员和工作人员的责任与义务,每个工作人员的职责都应有详细描述。

安全保卫制度:建立值班制度,组织人员巡查,及时消除不安全因素,做好防火、防盗工作,保证不出事故。

清洁卫生制度:仓库内外须经常清扫和消毒,保持清洁卫生。要求做到仓内"六面光"、仓外"三不留"(垃圾、杂草和污水)。种子出仓时,应做到出一仓(囤)清一仓(囤),防止种子混杂和感染病虫害。

全面检查制度：检查气温、仓库温度、种子温度、大气湿度、仓内湿度、种子水分、发芽率、虫霉鼠雀、仓库设施安全情况等。

档案制度：每批种子入库、出库，都应将其来源、数量、品质状况等逐项登记入册，每次检查的结果必须详细记录和保存。

2.种子贮藏期间管理工作

（1）防止混杂

库内不同类别的包装种子应分区、分类堆放，堆垛上应有易于区分的挂牌标志，种子包装内外均要有标签；散装种子要防止人为混杂；散在地上的种子，如不能确定品种，则不能作为种用。

（2）隔热防潮

做好密闭隔热防潮工作，防止外界的热量和水分进入仓内，保持种子的低温干燥状态。

（3）合理通风

通风之前必须测定仓库内外的温度和相对湿度的大小，以确定能否通风。每天以7：00—9：00 和 17：00—20：00 通风为宜。

通风应遵循以下原则：雨天、浓雾、刮台风等天气，不宜通风；当仓库外温、湿度均低于仓库内时，可以通风。当仓库内外温度相同，而仓库外湿度低于仓库内，可以通风，以散湿为主；当仓库内外湿度基本相同而仓库外温度低于仓库内时，可以通风，以降温为主。

（4）防虫防霉、防鼠防雀

该项管理工作对于种子的安全贮藏，减少损失有明显作用。

（5）防止事故

防止发生火灾、水灾、盗窃、错收错发、不能说明原因的超耗等仓库贮藏事故。

3.种子检查

（1）检查种子温度

种子入库完毕后 15 d 内，每 3 d 检查 1 次，以后每隔 7～10 d 检查 1 次。在天气异常时，应随时检查。散装种子温度检查须分层定点进行，尽量做到代表性全面；袋装种子的测温点应均匀地分布在堆垛的上、中、下各部，并采用波浪形设点的测定方法。

（2）检查种子水分

取样方式同温度检查。从各点取出的种子制成混合样品，当种温在 0 ℃ 以上时，每月检查 2 次；种温在 0 ℃ 以下时，每月检查 1 次。

（3）检查种子发芽率和活力

按前述方法制成混合样品，每 4 个月检查 1 次种子发芽率，最后 1 次在出仓前 10 d 测完。活力检测可在出仓前进行。

（4）检查虫霉和鼠雀

检查仓库害虫时，一般采用筛检法，检查鼠雀主要是观察仓库内有无鼠雀粪便和活动留下的足迹，以及有无鼠洞。

（5）检查仓库设施

检查仓库渗水、漏雨、灰壁的脱落等情况，同时对防雀网、防鼠板的牢固程度和门窗启闭的灵活性进行检查。

五、主要农作物种子贮藏技术要点

（一）水稻种子贮藏技术要点

1. 清理晒场：水稻品种繁多，有时同一晒场要晒几个品种，若有疏忽，容易造成混杂。

2. 掌握暴晒种温和烘干温度：暴晒时如阳光强烈，要多翻动，以防受热不均，发生爆腰现象，尤其是水泥地面晒场要注意这个现象。机械烘干温度不宜过高，防止灼烧种子。

3. 严格控制入库水分：种子水分不高于 13% 可以安全过夏。

4. 预防出汗和结露。

（二）小麦种子贮藏技术要点

1. 严格控制入库种子水分不超过 12%，如能防止吸湿回潮，种子可较长时间贮藏而不生虫，不长霉，不降低发芽率。

2. 采用密闭防湿贮藏，种子堆上面可覆盖篾垫和麻袋，压盖要平整、严密、压实。宜采用砻糠灰压盖，灰厚 9~15 cm 压盖，不仅防湿还防虫。若用种少时，可用瓮、坛、缸存放，但要密闭好。

3. 热进仓杀虫。选择晴朗天气，将麦种暴晒，使种温达到 46 ℃以上。然后入库，加覆盖物，高温密闭 7~10 d 后，进行冷却，之后进入常规管理。

（三）玉米种子贮藏技术要点

1. 果穗贮藏：占仓容量大，不便运输，通常用以干燥或短暂贮存，含水量应控制在 17% 以下。

2. 籽粒贮藏：提高仓容量，便于管理，控制水分不高于 13% 才能安全越夏，而且种子不耐高温。在北方种子水分不高于 14%，种温不高于 25 ℃。

六、注意事项

1. 作物种子不同，贮藏期间管理会存在差异，所以应了解当地主要作物种子的生理特性，进行有针对性的管理。

2. 一定要合理地进行密闭通风管理。

3. 防止贮藏期间结露和发热现象的发生，若有发生，要做到及时处理。

七、实训报告

1. 仓内种子情况记录见表 35-1，完成表格内容。

2. 分析种子贮藏管理的关键点。

35-1 仓内种子情况记录表

品种名称	入库日期	种子数量	检查日期	仓外湿度	仓内湿度	气温	仓温	种堆温度																种子水分	发芽率	种子纯度	虫害情况	处理意见
								东			南			西			北			中								
								上层	中层	下层	上层	中层	下层	上层	中层	下层	上层	中层	下层	上层	中层	下层					

八、思考题

1. 简述呼吸作用对贮藏种子产生的影响。
2. 如何预防贮藏种子的结露和发热现象？

实训项目三十六　种子低温贮藏技术

一、实训目的

1. 了解低温贮藏库的基本构造。
2. 理解低温贮藏的基本原理。
3. 掌握种子低温贮藏的管理方法。

二、实训原理

种子低温贮藏是通过低温仓库来实现的。低温仓库,即冷库或低温库,是根据种子安全贮藏基本必需条件(低温、干燥、密闭等)建造而成的。通过机械降温,使仓库内温度维持在15 ℃以下,湿度在65%左右,所以又称为低温低湿仓库。其常用于贮藏红麻等容易丧失生活力的种子,以及杂交种等经济价值较高的种子。低温库需配套降温设备,造价比较高,其管理方式与常温库也有所不同。

三、实训材料与仪器设备

1. 材料

待低温贮藏的各类种子样品。

2. 仪器设备

低温库。

四、种子低温贮藏步骤与管理

1. 清仓

种子入库前,应将低温库彻底清理干净,严格按照操作规程进行消毒或熏蒸。

2. 种子质量检验

严格把握入库种子的质量。入库前要进行晾晒、精选和熏蒸处理;按照国标种子检验规程,获取每批种子入库时初始的发芽势、发芽率、水分及主要性状的检验资料,尤其是种子含水量要达到国家标准,确保质量合格。

3. 种子入库

种子入库时间一般在清晨或晚间。如果种子温度高,应将其先放于缓冲间,待温度降为适合入库的温度时再安排入库。合理安排种垛位置,科学利用仓库空间,垛与墙体之间及堆垛之间需要保留适当的空间,并用透气的塑料垫或木质垫将垛底垫上。记录种子入库日期、质量和库室编号及位点编号等位置信息。

4. 低温库的调试

种子进入低温库后,应先通风降低湿度,不能马上开制冷机降温,否则降温过快易造成结露。当湿度降到一定程度,再维持温度15 ℃和65%的相对湿度。

5. 常规管理

严格控制库房温度和湿度。一般情况下，库内温度不应超过 15 ℃，相对湿度控制在 65% 左右，并使二者保持相对稳定状态。温度低于 13 ℃ 可以关停制冷机，温度超过 15 ℃ 时再开启制冷机制冷，可节约耗能。

6. 入库检查

合理安排查库，要多项事宜统筹进行，减少开门次数。建立库房安全保卫制度，注意用电安全，加强防火工作。

7. 收集与储存下列主要监测信息

本地自然气温、降水量、相对湿度等气象资料；仓库内每天定时、定层、定点的温度和相对湿度资料，最好能连接智能温湿度仪与电脑接口，并把相关信息贮存在电脑中；种子贮藏过程中，与种子质量检验有关的监测数据。

五、注意事项

1. 严格控制低温库的温湿度管理系统。

2. 冷藏种子若在高温季节出库，为防止发生结露现象，须进行逐步增温，但每次增温温差不宜超过 5 ℃；也可通过缓冲间，使种子温度与外界气温相接近。

3. 若全部种子都需要出库时，应提前关停制冷机，待种子温度回升后再安排出库。若少量种子需要出库时，不能关停制冷机，可将出库种子挪到缓冲间，待温度回升后再出库。

六、实训报告

取出低温贮藏的种子，测定种子的发芽力和活力，进而分析低温贮藏对种子寿命的影响。

七、思考题

1. 简述种子低温贮藏与常温贮藏的优缺点。
2. 种子低温贮藏的管理要点有哪些？

实训项目三十七　种子超低温贮藏技术

一、实训目的

1. 理解超低温贮藏技术的基本原理。
2. 掌握超低温贮藏技术的技术流程。

二、实训原理

种子超低温贮藏是指利用 -196 ℃ 的液态氮为冷源,将种子等生物学材料放置在超低温(通常为 -196 ℃)环境下,使其新陈代谢活动基本处于停止状态,从而达到长期保存种子的一种贮藏方法。

三、实训材料、仪器用具与试剂

1. 材料
小麦、牧草等作物种子。
2. 仪器用具
超低温冰箱、液氮罐、变色硅胶、低温冻存管、铝箔复合袋等。
3. 试剂
氯化钠、碘化钠、氯化锂、碘化钾、碘化锂、硝酸镁、硫酸铵、氯化钡、甘露醇、二甲基亚砜、甘油、液氮等。

四、实训方法与步骤

1. 种子初始含水量和活力的测定
含水量的高低会直接影响种子超低温保存成功与否,若种子的含水量过高,在超低温条件下易发生冻害;如果种子的含水量过低,则会发生脱水伤害。因此测定种子的初始含水量是非常必要的。
(1)测定种子批初始含水量可参考本书实训项目五的方法进行。
(2)若待保存的是种质资源,必须测定种子活力,具体测定方法可参考本书实训项目七。
2. 预处理
常用的预处理方法有脱水处理和添加防冻保护剂两种。
(1)脱水处理
绝大多数种子可以脱水至含水量为 5% ~ 10%,含水量过低可能会导致脱水伤害。常用的脱水干燥的方法有干燥剂(无水氯化钙或者变色硅胶)快速脱水、饱和盐溶液下的慢速脱水(适合小批量种子)、在 15 ℃ 和 45% RH 的恒温恒湿条件下的干燥间内缓慢脱水(适合大批量种子)。

无论采用哪种脱水方法,都要定期测定种子含水量,不同种子的最低含水量依种子的脱水耐性而定。

(2)添加防冻保护剂

对于脱水容易造成损伤的种子(如中间性种子、顽拗性种子)和吸胀后的正常性种子,可以采用添加防冻保护剂的方法进行预处理。首先将种子放在相对湿度为100%的密闭空间让种子吸湿,将含水量调到预期数值,在室温条件下于防冻保护剂中浸泡种子(也可在4 ℃的防冻保护剂中浸泡);然后将浸泡种子分成不同处理组(依据浸泡时间取样),将种子取出后吸去多余的防冻保护剂;最后,每一处理组分成2份,其中一份用于种子活力的测定(分析浸泡时间对活力的影响),另一份包装后做好标记,用于超低温保存。

大粒种子需用铝箔复合袋分装,热压封口;小粒种子可用低温冻存管分装。

3. 降温处理

可将包装好的材料直接放入液氮罐中贮藏,进行快速冷冻,也可将包装好的材料在 −30 ~ −5 ℃的温度内放置一定时间,再转移到液氮罐中贮藏。

4. 保存

可在 −196 ℃条件下,将包装好的种子浸泡在液氮中,也可将其置于液氮的蒸气中(悬挂在液氮液面之上),在 −180 ~ −150 ℃温度下保存。

要经常检查罐中液氮的余量,以防液氮蒸干,应定期向罐中补充液氮。

5. 解冻

常用的解冻方法包括快速解冻、慢速解冻、常温解冻。

(1)快速解冻

种子从液氮中取出后,立即放入40 ℃左右(可防止再结冰伤害)的温水浴中,时间控制在30 s到十几分钟,具体时长依材料而定。

(2)慢速解冻

慢速解冻即分步复温,材料取出后,可先放入 −80 ~ −60 ℃超低温冰箱中1 h,然后移入 −20 ~ −15 ℃的家用冰箱中1 h,最后在室温条件下保存一段时间。

(3)常温解冻

材料取出后,在室温条件下让其自然升温,一般30 min即可完成解冻。

6. 解冻后的处理

是否需要处理以及如何处理,依材料和预处理的不同方法而定。

(1)若材料是脱水预处理的,尤其5%以下含水量的材料,吸湿处理有利于防止吸胀损伤。

在干燥器内,将种子放在隔板上,隔板下层盛放蒸馏水,吸湿24 h;若大气相对湿度较高,可在空气中直接吸湿。

(2)预处理方式为加防冻保护剂(尤其是毒性较大)的材料,需要移除防冻保护剂。用浓度逐渐降低的同种防冻剂的水溶液逐渐移除或采用直接漂洗的方法均可。

五、注意事项

1. 待保存的种子材料表面须清洁且不能附着水分,否则后续过程可能会污染微生物。

2. 对种子进行脱水要采用实训项目提供的方法,一般不用加热或暴晒的方法。

3. 常用的冷冻保护剂有PEG、甘油、二甲基亚砜等,要注意保护剂的用量问题,过多可能会超过种子的渗透能力而导致中毒。

4.有些种子与液氮接触会发生爆裂现象,从而影响种子的寿命,因此所用的包装材料要确保能使种子与液氮隔绝。

5.液氮罐应该放置于通风阴凉处。

6.凡触及液氮的操作,必须系好围裙、戴防冻手套和护目镜、用坩埚钳存取样品,谨防被液氮冻伤。

7.正常性种子用常温解冻法;若材料含有自由水,则需要采用快速解冻法;若为了防止升温太快而引起材料的物理伤害则选择慢速解冻法。

8.当材料从液氮中取出复温时,样品有可能发生爆炸。若是使用冻存管包装的材料,需要特别谨慎。因为经长期保存后,冻存管中会渗透较多液氮,若取出时又采用快速解冻法复温,液氮迅速从液态转变为气态,发生爆炸的可能性较大。

六、实训报告

对超低温保存的种子进行活力的测定,分析超低温处理对种子活力的影响,寻找种子超低温保存的最佳途径。

七、思考题

1.通过查阅资料阐述种子超低温保存的研究进展。

2.结合实训过程和结果,分析超低温保存的优缺点。

实训项目三十八　种子超干贮藏技术

一、实训目的

1.掌握低于5%含水量种子的获得,并能独立进行真空包装。

2.了解不同作物种子超干贮藏的最适含水量的确定。

3.掌握超干处理后种子发芽实验的操作。

二、实训原理

种子超干贮藏也称为超低含水量贮藏,要求种子水分需降到5%以下,然后密封并在室温或稍低温下贮藏,常用于育种材料和种质资源的保存。种子超干贮藏的关键在于超低含水量的获得。种子类型不同,其耐干能力也会存在很大差异。通常采用冷冻真空干燥、干燥剂室温下干燥和鼓风硅胶干燥等方法获得超干种子,一般对种子生活力无影响。

三、实训材料与仪器用具

1.材料

水稻、玉米、小麦、花生等作物种子。

2.仪器用具

真空包装机、粉碎机、发芽箱、干燥器、天平、尼龙网袋、硅胶、发芽纸、铝箔袋、培养皿等。

四、实训方法与步骤

1.超低水分种子的获得

在尼龙网中装入待处理的种子(已称重),在干燥器内放入一定量的硅胶,要求种子与硅胶质量之比为1∶10,然后将尼龙网袋放入干燥器的硅胶内,在25 ℃条件下快速干燥。每天需更换硅胶(事先需经120 ℃充分干燥,冷却处理),间隔一定时间称重,通过这种方式即可获得含水量低于5%的种子。

2.种子水分测定

具体方法见本书实训项目五。

3.种子的真空包装

按照真空包装操作步骤进行,真空表面归零则表示工作完成,将种子用铝箔袋密封备用。

4.超干种子发芽前的预处理

若把超干种子直接进行发芽实验,则会产生吸胀损伤,所以在超干种子发芽前常采用逐级回水的平衡水分法对种子进行预处理。

在尼龙网袋中装入超干种子,置于干燥器上部,底部加水,然后密封,进行24 h的吸湿

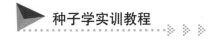

平衡处理。

5.种子发芽率测定

种子经预处理后,对其进行发芽率的测定,具体步骤参照本书实训项目三。

五、注意事项

1.不同作物种子超干贮藏的最适含水量不同,其干燥时间和种子发芽预处理的时间也会存在差异。

2.在超干贮藏前需要进行大量的预实验,从中获取一定的经验。

3.种子密封包装决定超干种子是否能长期贮藏,所以要检查好封合电压波动、电压选择、封合时间、封合电磁阀、硅胶条、高温布等是否适合,确保封口质量达到最佳,从而延长超干种子的保存期。

六、实训报告

1.报告所获得的超干种子的含水量。

2.超干种子经预处理后发芽率是多少?分析超干种子与同批次常规种子发芽率的差异,并分析超干贮藏对种子发芽的影响。

七、思考题

1.查阅资料阐述超干种子贮藏的新进展。

2.通过实训总结获得超干种子的关键环节有哪些。

实训项目三十九 种子仓储环境药物熏蒸技术

一、实训目的

1. 学习磷化铝的正确使用方法。
2. 掌握种子仓库熏蒸技术。

二、实训原理

利用磷化铝、溴甲烷、磷化锌等药剂熏蒸后易产生挥发性气体的特点,对种子仓储环境进行药剂熏蒸,可直接灭除各类仓储粮食害虫及老鼠。药剂气体通过害虫的呼吸系统或透过体壁的膜质进入虫体,抑制害虫正常生长进而致死,以达到除害的效果。

磷化铝是较常使用的一类广谱杀虫药剂,片剂通常灰白色,粉剂略带灰绿色,干燥条件下对人畜较安全,但吸收空气中的水汽后会逐渐分解产生高剧毒无色磷化氢(PH_3)气体,有类似大蒜的恶臭气味,其渗透性和扩散性均较强,在空间扩散距离可达 15 m 远,空气中磷化氢含量达到 0.01 mg/m^3 时,就会使人中毒;成年人在 0.05 mg/m^3 的浓度下 0.5 ~ 1 h 即会致死,在空气中的半衰期为 5 ~ 28 h,在一些吸附材料上可长时间存在,使用时需注意熏蒸尾气的无害化排放。

三、实训材料、仪器用具与试剂

1. 材料

实验用种子仓库及种子、报纸、滤纸。

2. 仪器用具

实验器具为防毒面具。

3. 试剂

实验试剂为磷化铝片剂、5% 硝酸银溶液等。

四、实训方法与步骤

种子仓库的药剂熏蒸必须按照安全技术规程来进行。正确使用磷化铝熏仓的步骤如下:

1. 用报纸密封仓库的门缝和窗缝,做到闭仓时密闭不漏气。

2. 以每立方米计,磷化铝片剂(有效成分56%)投放量:种堆为 6 ~ 9 g,空间为 3 ~ 6 g,加工厂或器材为 3 ~ 6 g;磷化铝粉剂(有效成分85% ~ 90%)投放量,种堆为 4 ~ 6 g,空间为 2 ~ 4 g,加工厂或器材为 3 ~ 5 g。

3. 检查防毒面具的完好性,戴好防毒面具,打开磷化铝药盒盖进行施药。散装仓库可在种子堆表面均匀点,底层铺放塑料布或塑料盘,每点放置 10~15 g 磷化铝片剂。若种堆过厚,则可用长线紧口小布袋进种堆埋藏,每袋装入 10~15 g,均匀地埋在种子堆内。对于包装种子堆,可在堆垛表面按间隔 0.7 m 的距离投放,在垛的中部投放用药量的 1/3,表面投放用药量的 2/3。另外,当仓库大、种子量少时,可用帐幕将种子堆覆盖熏蒸,帐幕不能透气,并用器具适当支撑,使帐幕内有一定的空间,以利于磷化氢气体顺利扩散,其用药量根据种子堆体积和帐幕内空间一并计算。

4. 投药后施药人员要迅速出仓库,关闭好仓库门,封严缝隙,种子温度在 20 ℃ 以上时闭仓熏蒸 3 d,种子温度为 16~20 ℃ 时闭仓 4 d,种子温度为 12~15 ℃ 时闭仓 6 d,每个投放点的片剂间不能叠放。粉剂厚度不宜超过 0.5 cm。

5. 熏蒸时间到达后,打开仓库门窗通风散毒 5~7 d。

6. 用浸湿过 5% 硝酸银溶液的滤纸在仓内检测残存的 PH_3 气体,当确认检测纸不变色时才可进入仓库中,如果检测滤纸变色则仍然需要继续通风散毒,直至毒气散尽为止。

7. 捡拾各施药点的药渣,并进行深埋处理。发生自燃时,须使用干砂灭火,不可用水灭火。

五、注意事项

1. 必须戴好防毒面具。为防止人员中毒,使用磷化氢时要特别注意安全。施药前要做好人员分工,必要时进行一次演习,全程必须佩戴防毒面具和戴手套,切勿大意。

2. 严格执行投药量。为防止发生自燃,须严格控制投药量,药剂不能过于集中,应做到分散投药,片剂之间不能重叠,粉剂应均匀摊薄,厚度不宜超过 0.5 cm。

3. 药物不能遇水或潮湿。药物遇水反应过快,易发生自燃,应注意保持空仓及器材的干燥。

4. 控制种子水分。种子水分过高除了会引起药剂自燃,还会产生药害,进而影响种子发芽率。种子的含水量不得超标,如粳稻≤14%,玉米≤13.5%,大豆≤13% 等。

5. 把握施药时间。磷化铝在雨季用药时,应保证施药后 4~10 h 内不遇雷雨大风。因此应根据天气预报掌握施药时间。

六、思考题

1. 一座种子仓库内堆放有 1 200 m^3 的种子,还有 200 m^3 空闲空间,计算该种子仓库磷化铝熏蒸仓库的用药总量。

2. 使用磷化铝熏蒸仓库时,怎样确定闭仓时间?

实训项目四十　主要仓库害虫的识别技术

一、实训目的

1. 掌握贮藏种子仓库中主要害虫的种类及其基本形态特征。
2. 掌握有针对性地防治仓库害虫和提高防治效果的方法。

二、实训原理

仓库害虫(仓虫)是一切危害贮藏物品的仓库害虫的总称。仓库害虫的种类繁多,根据报道国内现已知仓库害虫约254种,分属7目42科。全世界已知仓库害虫约492种,分属10目59科。常见的仓库害虫主要有玉米象、锯谷盗、大谷盗、蚕豆象、豌豆象、赤拟谷盗、麦蛾等,主要根据仓库害虫的生活习性和形态特征等方面进行识别。

三、实训材料与仪器用具

1. 实训材料

玉米象、谷蠹、赤拟谷盗、锯谷盗、大谷盗、蚕豆象、豌豆象、麦蛾、棉红铃虫、谷斑皮蠹等主要仓库害虫成虫、幼虫标本或形态特征图片。

2. 仪器用具

双目解剖镜、手持放大镜、镊子、解剖针等。

四、实训方法与步骤

1. 用双目解剖镜或放大镜直接观察各种幼虫、成虫标本。观察标本时成虫或幼虫虫体一般应是尾向后方、头向前方。

2. 确定仓库害虫体态、颜色、类型和大小。观察口器的形式及其变化;成虫翅的有无、翅的数目、翅脉和翅纹的变化情况、翅的质地及发达程度;前足、中足、后足跗节的节数和前足基节窝的类型;前胸背板的形状;触角的类型、长短粗细及节数等;外生殖器的构造及其特征。

3. 观察幼虫刚毛的数量、着生的位置和腹足趾钩的形状等。

五、思考题

1. 绘出所观察的害虫形态特征图,并注明各部分名称。
2. 简要说明仓库害虫的生活习性。
3. 如何防治仓库害虫?

第六篇　玉米种子综合实训

实训项目四十一　玉米种子生产技术

一、实训目的

1.通过对玉米杂交种生产技术操作程序的学习,初步了解玉米杂交种生产的各主要环节,为进一步学习打下基础。

2.掌握玉米杂交制种的基本程序和注意事项。

二、实训原理

玉米杂交种生产必须保证种子质量和产量。因此在杂交制种过程中,实施安全隔离,去杂去劣,并且进行花期预测及调节,及时去雄,人工辅助授粉,提高结实率,割除父本,收获前和收获后要及时降水,种子收货后正确存放,避免混杂。玉来种子质量要求见表41-1。

表 41-1　玉米种子质量要求

作物名称	种子类别		纯度 不低于/%	净度 不低于/%	发芽率 不低于/%	水分 不高于/%
玉米	常规种	原种	99.9	99.0	85	13.0
		大田用种	97.0			
	自交种	原种	99.9	99.0	80	13.0
		大田用种	99.0			
	单交种	大田用种	96.0	99.0	85	13.0
	双交种	大田用种	95.0			
	三交种	大田用种	95.0			

注:长城以北和高寒地区的种子水分允许高于13.0%,但不能高于16.0%;若在长城以南(高寒地区除外)销售,种子水分不能高于13.0%。

三、实训材料

记号笔、尺子、玉米种子等。

四、实训步骤

(一)基地选择与隔离的设置

1. 基地的选择

在自然条件适宜、无检疫性病虫害的地区,选择具有生产资质的制种单位,建立制种基地。制种地块应当土壤肥沃、排灌方便,具备安全的隔离条件,交通方便,生产水平较高,生产条件较好,劳力和技术条件较好,制种成本较低,相对集中连片。

2. 隔离的设置

制种田的安全隔离是防止生物学混杂、保证种子质量的基本条件之一。隔离方式有很多种,除人工套袋外,空间隔离、时间隔离、自然屏障隔离和高秆作物隔离都能起到隔离的作用。其中空间隔离的应用最普遍,隔离成本低、效果更好,在实践中有一定应用。时间隔离是通过错开制种田与花粉污染源花期的方式来实现的,因此,只有在生育期满足要求的地区才能应用。高秆作物隔离由于缺乏相应的研究基础,现已很少采用。

(二)规范播种

1. 播前准备

精选亲本种子晒种包衣或药剂拌种。

2. 播种

(1)播种温度

在 5 cm 耕层地温稳定在 10～12 ℃时进行播种。

(2)确定父本、母本播期

在地温允许的情况下,尽可能早播。一般的经验,春播制种田错期播种的天数应是双亲花期相差天数的 1.5～2.0 倍,夏播制种田应是 1～1.5 倍。如母本的抽丝期较父本的散粉期晚 3～5 d,夏播制种时,需要提前 5～7 d,春播制种时,则母本必须提前 7～9 d。

(3)确定适宜的父母本行比

通常单交种制种时的父母本行比为 1:4～1:6。

(4)父本分期播种

父本播种一般分两期。同一父本行上,采用分段播种的方法,2 m 为一段,播第一期父本时,种 2 m 留 2 m,留下的 2 m 第二期播种。这样播种既可以延长父本的散粉期,也能保证父本有一个盛花期与母本吐丝期良好相遇。

(5)确定适宜的密度

一般植株叶片紧凑上冲、耐密性好的自交系,在肥水条件较好的地块,留苗密度在 9.0 万株/hm² 以上;植株叶片平展、耐密性差的自交系,在肥水条件较差的地块,留苗密度在 7.5 万株/hm² 左右。

(6)种植授粉区

对于新引进、不太熟悉的杂交组合,可在制种田附近种植一定数量的父本作为采粉区,以备花粉不足和花期相遇不好时,采粉进行人工辅助授粉,保证制种成功。

（三）田间管理

为了提高地温,促进根系生长,必须尽早中耕;在抽雄前追施攻穗肥;注意田间虫害防治,尤其是玉米螟和蚜虫;父本的生长情况较母本更为重要,父本决定花粉量的数量和质量,从而影响制种产量和制种质量。

（四）花期预测与调节方法

在正常年份,一般错期播种就可以实现花期相遇,但在气候异常年份,则要通过花期预测提前掌握花期相遇情况。玉米父本和母本花期相遇的标准是:母本吐丝时父本散粉。

1. 花期预测方法

（1）叶片检查法

采用叶片计算法,其依据是,每个亲本自交系在一定的生长环境中,其一生的总叶片是相对稳定的,最后一片叶抽出后,雄穗接着抽出。因此在预先掌握父本和母本总叶片数的前提下,就可以根据总叶片数和展开叶片数计算未展开的叶片数,判断它们的发育进程,进而预测花期能否相遇。具体做法是:在制种田选择有代表性的父本和母本样点各 3~5 个,每点选典型植株 10 株,每隔一定时间调查父本和母本的叶片数,观察两亲本的生长是否协调,出叶速度是否符合花期相遇的标准。对于两亲本的总叶片数相同的组合,开花前以父本比母本少抽出 1~2 片叶为花期良好相遇的标准。两亲本的总叶片数不同的组合,抽出叶片数计算,母本比父本少 1~2 片叶为宜。

（2）幼穗观察法

玉米拔节后,在制种田选择具有代表性的父本和母本植株,通过比较父本和母本幼穗分化进程来预测花期相遇状况。测量幼穗长度,当幼穗长度为 5~10 mm 时,比较父本和母本的幼穗相对大小,若母本比父本大 1/3~1/2,花期可良好相遇。

2. 花期调节方法

经过预测若发现两亲本花期不能良好相遇时,应及时采取措施进行调控,促使二者花期相遇。尤其是秋天容易发生霜冻的北方,调节应该以促为主,以早为宜。

（1）苗期调节

苗期影响因素较多,温度胁迫、水分胁迫均能导致父本、母本发育不一致。若亲本之一发育偏早,则可对另一亲本进行追肥,使其发育均衡一致。

（2）中期调节

中期阶段调节主要在拔节期至大喇叭口期追速效性氮肥,结合叶面喷施 0.3% 磷酸二氢钾,或者加等量尿素,同时按比例加水,每公顷使用 1 500 kg 溶液,最好连续喷 2~3 次,约能使散粉或吐丝期提前 3 d,也可以喷施生长调节剂,或生长调节剂与磷酸二氢钾配合使用。应用生长调节剂时应注意严格按照其介绍的浓度配制溶液,如赤霉素每公顷用量一般为 15~20 g,加水 300~400 kg 叶面喷施。

如果父本发育较早,则可在抽雄期到来之前进行割叶处理,此处理可使父本推迟 2 d 以上,最长可推迟一周。具体措施:将中下部已全展叶的叶片割除,只留幼嫩心叶。

（3）后期调节

后期阶段主要指抽雄至散粉、吐丝期,发育状况相对比较复杂,需要采取多种措施相配合,以加强促控效果。喷施叶面肥、生长调节剂可以促进生长发育,使花期相遇。另外,进行雌穗、雄穗适当处理也可调控花期,如剪花丝、剪苞叶及去雄处理。如在抽雄前发现母本花期早于父本,这时可以采用一些促进措施使父本花期提前,如对父本进行叶面肥喷施;或者使母本吐丝延后,具体措施为将母本花丝剪短,留 2~3 cm,如果进行 1 次剪花丝后,父本还未散粉,则可将再次伸长的花丝按上述方法再剪 1 次。另一方面,如果父本花期早于母本花期,则应采取一些促进措施,使母本吐丝提前。如母本未抽雄,可进行母本超前带叶去雄,促使母本吐丝提前 3 d 左右,同时结合母本雌穗剪苞叶,也能促使母本花期提前 1~2 d。

注意事项:第一,一般下午四点以后进行剪花丝操作;第二,剪苞叶和剪花丝的时间及长短,应参考父本散粉与母本吐丝相差天数进行判断。

(五)去杂去劣

在玉米整个生育期内均应注意去杂去劣,在进行田间调查的基础上在关键时期进行去杂操作。具体去杂时期一般为苗期、抽雄前和收获脱粒时。

1.苗期去杂,这个时期去杂主要是根据叶片、叶鞘颜色及叶片形态等标准进行,具体田间操作可与间苗同步进行,将苗色不一、生长过旺过弱,以及长相不同的杂苗、劣苗、弱苗、病苗及怀疑苗全部拔除。

2.抽穗前去杂,这个时期去杂主要是根据株高、株型、叶型、叶色,以及植株的生长势等特征进行识别,若个别植株株高、株型表现为异常高大,可能是杂交种植株,一定要注意去除。若父本散粉的杂株超过 0.5%,制种田应该报废。

3.收获脱粒时,可根据果穗形状、粒型、粒色轴色等特性,将杂穗去掉。经检查核准,杂穗率在 0.5% 以下时,才能脱粒。玉米杂交制种田花期父本杂株率和母本杂株率应不高于 0.2%。

(六)母本去雄

玉米种子质量很大程度上取决于花粉纯度,母本去雄是否干净决定玉米种子纯度,这个时期是玉米制种的关键时期。

1.去雄时间

传统的做法是在母本植株雄穗露出顶叶 1/3 左右时去雄,此时既没散粉,又容易将整个雄穗拔掉,每天以 8:00—11:00 为宜。

2.操作要点

玉米制种最关键的就是母本去雄,要保证做到及时、彻底、干净。

第一,在母本雄穗散粉前必须将其拔除,做到及时;

第二,必须将母本雄穗整个拔除,做到干净;

第三,必须将其一株不留地拔除,做到彻底。

一次花检母本散粉率应不高于 0.5%,否则制种区应做报废处理。

为了及时去雄,保证母本去雄的质量,目前生产上去雄均在母本抽雄前进行。具体去雄时间依据是:当用手能够摸到顶部叶片中的雄穗时,可将雄穗连带顶叶一起彻底去除。

(七)提高结实率

1.剪母本雌穗苞叶或雄穗

如果父本开花早于母本,需要采取措施使母本吐丝提前,采取剪母本雌穗苞叶措施可达到此效果,具体操作是将母本雌穗苞叶顶端剪去 2 ~ 3 cm,母本吐丝一般将提前 2 ~ 3 d,此外,母本若提早去雄也可将吐丝期提前 2 ~ 3 d。

2. 剪母本花丝

母本吐丝早于父本散粉时,花期间隔超过 3 d,母本花丝伸出过长则会造成其下垂,下部花丝授粉不良或不能授粉,这时可把伸长的母本花丝剪短,留 2 cm 左右即可,结实率将会有大幅提高。如果不剪短下垂的花丝,结实率下降,制种田产量和质量将受到严重影响。

3. 反交

因为此法会降低制种田的产量,因此此法不常用,万不得已时采用此法,可作为补救措施。当父本散粉过早,早于母本吐丝期达 5 ~ 7 d 时,可考虑使用本法。变父本改做母本(去雄),变原来的母本改做父本,使变化后的亲本达到花期相遇的目的。由于父本行数少于母本行数,相当于降低了制种田产量,降为正交的 1/3 ~ 1/2。

(八)割除父本

略。

(九)收获及降水

1. 种子降水

收获前措施:站秆扒皮、砍头、搭挂。

收货后措施:及时晾晒,如及时上栈子、麻包晾晒。

2. 种子收获

玉米杂交种制种田收获期不同于生产田,必须按照标准严格确定,玉米种子成熟度直接影响收获期,应该在蜡熟后收获,此外收获期受气温影响,必须在霜冻来临前早收、抢收。为了更好地降水,应该尽早收获,抢高温晾晒,降低种子含水量,防止温度降低冻坏种子。

五、注意事项

1. 母本去雄必须及时、彻底。无论晴天、雨天,每天上午进地挨株拔一遍,为便于操作,可提前采用摸苞带顶叶一起拔除,防止母本雄穗散粉造成混杂。

2. 收获时,先收父本,再收母本,以防制备的杂交种混杂,同时根据穗型(筒型、锥形)、粒色(白色、黄色、紫色等)、粒型、轴色(红轴、白轴)等特征特性严格剔除杂穗。

3. 制备的杂交种收获后需要在场院或水泥场地上摊放,进一步降水,然后脱粒。

六、实训报告

简要汇报所制备的玉米杂交种的基本情况。

七、思考题

针对某一个组合的玉米杂交种生产,提高种子质量和产量的措施分别有哪些?

实训项目四十二　玉米种子加工技术

一、实训目的

1. 进一步熟悉种子干燥、清选、包衣的基本操作。
2. 掌握各项加工技术的注意事项。

二、实训原理

种子加工是指从收获到种子播种前对原料种子所采取的各种处理,包括预处理、精选、分级、包衣、包装等处理的过程。其目的是提高玉米种子质量,保证种子安全贮藏,促进田间成苗及提高产量。

玉米种子加工工艺流程:果穗干燥及脱粒→初清→风筛选→比重选→分级→包衣→包装→入库

三、实训材料与仪器用具

1. 材料
玉米种子。
2. 仪器用具
风选机、干燥机、包衣机、编织袋等。

四、实训步骤

(一)加工前的准备

1. 仓库准备
消毒:对仓库进行全面清洁消毒,准备种子入库。
2. 包装、标识
将种子进行包装,包装袋、包装膜、标签标识齐全,按《农作物种子标签通则》规定执行。
3. 加工设备
为确保加工设备应有的加工能力,需要对加工设备进行全面的检修。同时在种子加工前,为了防止混杂,必须对加工机械进行认真清理。特别是不同玉米品种转换时机械应清理干净,尤其是加工机器的关键部位、流管拐弯处、夹缝等处。将提升机下端的滑板拉出,使提升机下端的物料流出并清理;风筛选、比重选应卸开清理。
4. 调整机器
首先确定标准筛孔的筛片,筛片规格由质量管理部门和生产加工部门共同实验确定。为了达到加工工艺要求,需要进行试运行,种子入料流量、机械设备的风速、筛的震动频率等均需要进行调整。

（二）果穗干燥及脱粒

玉米穗制成吊子挂起来,实践中总结出来的最好的自然降水法是高茬晾晒。高茬晾晒即割玉米秸时留茬高 50 cm 左右,将需晾晒玉米果穗扒皮拴成串,挂在玉米秸茬子上,每株玉米秸茬挂 6 ~ 10 个玉米果穗。达到脱粒水分要求时即可用脱粒机进行脱粒处理。

（三）精选加工

1. 预清选

种子清选前,种子表面附着物较大或者种子中杂质较多时,有必要进行预清选,以免对其在加工过程中的流动性、机械设备运行的安全性造成不良影响。

2. 干燥

（1）自然干燥

晾晒种子是在晴天有太阳光时将种开堆放在晒场（场院）上,晒场四周通风情况对晾晒种子降低水分的效果有很大影响。常见的晒场有土地晒场和水泥晒场两种。水泥晒场地面较干燥和地面温度易于升高,晒的速度快,容易清理,晾晒效果优于土地晒场。水泥晒场面积可大可小,一般根据本单位晒种子数量大小确定,晒种子经验数值是每吨种子需晒场 15 m^2。水泥晒场一般可按一定距离（面积）修成鱼脊形,中间高两边低,晒场四周应设排水沟,以免积存雨水影响晒种。

（2）机械通风干燥

机械通风干燥是一种将外界凉冷干空气,利用通风设备吹入种子堆中,暂时防止潮湿种子发热变质,抑制微生物生长的干燥方法。当遇到阴雨天,新收获的含水量较高的玉米种子,可采用此方法不断吹走种子堆间隙的水汽和热量,避免热量积聚导致种子发热变质,达到种子干燥、降温的目的。

（3）高温干燥

高温干燥是利用加热空气（干燥空气）作为干燥介质直接通过种子层,在这个过程中种子水分汽化被直接带走,种子水分降低,达到干燥的效果。

4. 清选

（1）风筛清选

当茎叶秸秆碎屑、瘪粒种子、脱落颖片、灰尘等不规则轻杂质混杂在种子中,可采用风筛清选机通过风力的作用进行清选。

（2）比重清选

当与种子质地（密度）不同但形状相似的杂质混杂在种子中时,可采用比重清选机进行清选。

（四）种子包衣

种子包衣首先要严格按照标准选用正规厂家生产的种衣剂,考虑品种特性和抗性,严格按照使用说明控制种药配比,通过种子包衣机,将农药等种衣剂均匀地喷裹在种子表面,按照特定的工艺烘干,最后形成种衣。

被种衣剂处理的种子贮藏寿命变短,必须尽早投入生产使用,避免造成不必要的经济损失,并且在包装标签备注栏上注明种子包衣处理所使用的农药。同时,为了防止种子包衣处理所使用的农药和其他化学品对工作人员造成不必要的伤害,在进行种子包衣过程中,必须按照操作规程进行操作,做好防护措施,如佩戴防护口罩、戴手套等。

(五)包装

1.包装材料

加工后的种子一般采用袋装,可选择聚乙烯铝箔复合袋或者编织袋等包装材料。

2.包装规格

按不同要求确定包装数量,种子包装的规格应根据具体种子种类及种子使用情况而定,可根据实际需要进行小包装。种子包装上应加印或粘贴标签纸,且标注作物和品种名称、种子净含量、种子净度、发芽率、生产单位及联系方式等,并最好在包装上面绘上体现品种特征的醒目的种子图案。

3.种子分装

为了保证分装质量,分装过程中要注意操作规范,注意定时检秤,检秤要求每 30 min 进行 1 次;为保证计量准确,分装秤要每日进行校对,每次开机前要求分装秤清零,并做记录。包装要规范整齐,为了避免发生跳针、脱针过松等现象,缝口时,线迹要与袋口平行,缝线头长度一般不超过 10 cm,袋口平直、整齐,封口牢固。

(六)入库贮存

搬运人员上岗前要进行基本的培训,按要求进行搬运,避免因为搬运混乱,造成混杂,同时避免因为搬运造成的损坏,确保种子批不混。

(七)场地卫生

加工结束后,场地卫生要及时打扫,机器也要进行及时彻底清理,保持车间内外整洁。为了防止种子批再次混杂,若有少量种子散落地面必须及时清出。

五、注意事项

1.加热干燥时切忌种子与加热器直接接触,否则种子容易被烤焦、灼伤而丧失生活力。

2.严格控制种子温度,作物种子烘干温度宜掌握在 43 ℃,随种子水分的下降可适当提高烘干温度。

3.热空气干燥后的种子需要缓苏后才能进一步干燥,否则会出现爆腰现象。

4.玉米种子包衣时种衣剂存放的地方严禁儿童及其他无关人员进入。包衣作业、搬运和使用包衣种子时必须注意防护。

5.包衣种子采用袋装,包装物上要注明药剂名称、有效成分及含量、注意事项,并根据药剂毒性标注"有毒"字样。

六、实训报告

汇报玉米种子经过加工处理后的外观指标。

七、思考题

1. 种子清选的目的及意义是什么?
2. 种子加热干燥时为什么会产生爆腰现象,如何缓解?

实训项目四十三 玉米种子贮藏技术

一、实训目的

1. 熟悉玉米种子贮藏前的预处理环节。
2. 掌握玉米种子常温贮藏的管理技术。

二、实训原理

玉米种子在贮藏过程中,因为呼吸作用的影响易产生质量问题。玉米种子贮藏的关键在于保持种子高活力,即种子的优良种性。在种子贮藏过程中,必须采用合理的贮藏设备和先进、科学的贮藏技术,有效地保持较高的种子发芽力和活力,从而确保种子的播种价值。但是,因为气候原因,东北秋季气温较低,收获前种子含水量较高,玉米种子可能遭受低温冻害,因此必须通过适宜的种子贮藏技术保证种子成活率,使种子安全越冬是北方玉米种子贮藏管理的重点。采用适宜种子贮藏技术的目的是通过人为控制贮藏条件,降低种子呼吸强度,促进种子正常后熟,使种子劣变降低到最低限度。

三、实训材料与仪器用具

1. 材料
袋装或散装玉米种子。

2. 仪器用具
皮带输送机、堆包机、种子地下通风装置、晒场用具、磅秤、电子秤等。

四、实训步骤

(一)种子入库前准备

1. 收前降低水分含量
玉米站秆扒皮晾晒能加快玉米籽粒脱水,降低玉米含水量,是玉米后期一项降水、增产、促熟的有效技术措施。在玉米蜡熟末期进行玉米站秆扒皮晾晒效果最佳。采取这项措施要注意轻轻地将苞叶扒开,注意不要将穗柄折断,使籽粒全部露出,使果穗充分干燥,促进干物质的积累,提早成熟。

2. 充分晾晒
玉米种子入库前,必须经过清理与干燥,经过充分的晾晒。当天晾晒的种子,种子温度可能较高,要等种子降温后再入库。种子入库时,种子本身的温湿度不能过高,一定要使水分降低到安全水分,使温度降至库房温度以下才能入库,否则很容易造成库内种子局部发热,而使种子产生霉变。

3.通风干燥

玉米种子收获时水分较大,不能直接脱粒,需要贮存一段时间继续降低种子水分。玉米果穗通风贮藏有多种方式,若种子量少,可采用吊挂、麻包堆垛等方式进行通风干燥。针对大量种子,目前有一些先进、智能化的果穗干燥技术及设备,如5HZD系列设备,把收获的湿果穗,通过自动化的移送设备,连续均匀地输送到果穗干燥系统的多个果穗仓中,进行干燥作业,烘到要求水分后,再通过自动化的移送设备,连续均匀地把干果穗输送到脱粒机。

(二)种子入库后的管理

由于玉米种子特殊的性质,在入库贮藏后极易受到相关因素的影响,从而使玉米种子的发芽率在一定程度上受到影响。玉米种子贮藏管理的基本任务是通过定期检测种子水分、发芽率,监测环境温度、湿度,准确掌握因库内温湿度的变化而引起的种子变化,把握种子贮藏过程中的质量变化,必要时采取措施以防止种子发生霉变。

1.温湿度控制

由于玉米种子活性受环境影响较大,在种子贮藏过程中极易受到外界环境影响,温度和湿度是主要影响因素。所以,如果在贮藏过程中室外温度较高,应选择晴朗天气的上午或下午阳光充足时,进行通风,降低库内温湿度。如果外界环境空气湿度较大,为了防止库房湿度加大,造成种子水分升高而霉变,不要打开库房门窗。

2.水分检测

种子在贮藏期间应定期进行种子水分测定。水分过高,种子易受冻害或者霉变,因此,种子贮藏期间检测水分的同时要采取相应的配套措施,应及时通风透气,调节温湿度,使种子保持安全贮藏水分。

3.发芽率检测

种子入库后应定期进行种子发芽实验,检测种子活力,评价种子是否受害。对有异常表现的种子要增加检测次数,若发芽率降低,应查明原因,及时采取补救措施。

4.虫鼠防治

种子入库后要做好虫鼠防治,仓库要做到库内外干净清洁,不漏雨雪。种子尤其不能存放在露天环境中,不但易受虫鼠危害造成损失,另一方面可能遭雨雪。

五、注意事项

1.玉米种胚大,呼吸旺盛,易引起种子堆发热,导致发热霉变,所以要注意入库前水分的控制及贮藏期间的合理通风。

2.种胚易遭虫霉危害。易遭虫霉危害的主要是脱粒加工过程中形成的损伤籽粒和不成熟籽粒,因为其呼吸作用旺盛且含水量较高,所以为了降低损失,提高种子贮藏的稳定性,在玉米种子入库前必须清除这些破碎粒及不成熟粒。

3.种胚容易酸败,特别是在高温、高湿条件下贮藏,种胚的酸败比其他部位更明显。因此,贮藏期间要合理密闭通风处理。

4.种子易遭受低温冻害。在我国东北,玉米属于晚秋收获作物,收获时种子水分较高,必须采取一定措施进行干燥降水,否则极易发生低温冻害,因此,要适时早收、站秆扒皮、收前降水。

六、实训报告

对本次实训项目进行记录,并对贮藏过程中出现的问题加以分析。

七、思考题

1. 玉米种子贮藏的技术要点有哪些?
2. 种子贮藏的基本原理是什么?
3. 除了常温种子贮藏技术,还有哪些贮藏方法?

实训项目四十四　玉米种子检验技术

一、实训目的

1. 进一步理解玉米种子检验的重要性。

2. 熟练掌握玉米种子扦样、净度分析、发芽实验、水分检测及纯度和真实性等必检项目的实训操作。

二、实训原理

种子检验是利用规定的程序,应用科学、先进和标准的方法对种子样品的质量指标进行分析、鉴定,判断其质量的优劣,评价种子批种用价值的一门科学技术。通过国标方法进行种子检验,评价种子的种用价值,选用高质量的种子播种,利于苗齐,可充分发挥栽培品种的丰产特性,降低因劣质种子造成的农业资源浪费和经济损失,同时可抑制杂草蔓延。按照国标方法检验种子净度、种子发芽率、品种真实性和纯度、种子生活力、种子活力、种子含水量、种子千粒重等项目,指导农业活动、种子贸易,可确保农业安全生产。

近年来,随着玉米播种面积不断扩大,玉米杂交种需求相对增加幅度也较大,但由于检验部门人员和技术力量相对不足,不能及时有效地进行田间检验及去杂去劣,降低了纯度,因而降低了种子质量。进行自交系繁殖时,田间去杂不及时、不干净,产生异种杂合粒是影响玉米种子质量的主要技术原因,另外,杂交制种田由于亲本纯度不高,去杂去劣不严格、不及时、不彻底,或母本去雄不及时、不彻底,致使其他品种植株、本品种分离突变株或自身母本散粉,产生非本品种的杂合粒和母本自交或姊妹交杂粒。因此应注意田间隔离距离满足要求,隔离距离过小,其他品种花粉飘落授粉,可能产生其他品种杂合籽粒。此外,玉米种子收获、运输、晾晒、脱粒、贮藏等环节操作不规范,也会造成品种混杂。所以对玉米种子尤其是杂交种的质量检验是非常必要的。

三、实训材料、仪器用具与试剂

1. 材料

玉米种子。

2. 仪器用具

单管扦样器、钟鼎式分样器、光照发芽箱、电热恒温干燥箱、电泳仪、电泳槽、净度分析仪、培养皿、烧杯、量筒、容量瓶等。

3、试剂

尿素、冰醋酸、四甲基乙二胺、甲基绿、丙烯酰胺、N,N′-亚甲基双丙烯酰胺、硫酸亚铁、过硫酸铵、考马斯亮蓝 R-250 等。

四、实训步骤

玉米种子检验是指按照规定的种子检验程序,在室内进行玉米种子的纯度、净度、水分测定、发芽率检测,据此来对种子的质量进行等级划分。开展种子检验工作是为了在播前评价种子质量,发挥栽培品种的丰产特性,确保农业生产安全。其中玉米种子发芽率检测能从根本上杜绝低质量的种子流通进入市场,是种子检验关键指标。播种发芽率低的玉米种子会造成缺苗断垄或大面积不出苗等现象发生。发芽率是判断玉米种子在进入大田种植时是否能顺利进行生产的直接影响因素。

(一)扦样

扦样是种子检验的基础环节,决定种子检验结果是否真实、有效,具有代表性。
扦样关键步骤:

1. 掌握种子批基本信息

主要包括玉米品种名称、类别、生产年月、种子批质量、种子批划分等基本情况。

2. 核对标签

检查种子袋封口是否完好,核对标签信息。

3. 划分种子批

按照规程进行种子批划分,确定扦样点数。若种子批质量为 4.0×10^4 kg,每袋为 100 kg,共计 400 袋,则至少扦取 80 袋,即每 5 袋扦取 1 袋。玉米种子一个种子批的最大质量不应超过 4.0×10^4 kg,扦取样品最小质量为 2 kg。

4. 制备混合样品

首先将初次扦取样品混合制成混合样品,再从混合样品中快速分取两份样品各 0.1 kg,密封防潮保存。剩余部分用钟鼎式分样器或徒手减半分样法分成 2 份,要求总质量不少于 2 kg;其中一份 1 kg 作保留样品,另一份作试验样品。扦样单一式两份,被检验单位和检验单位各执 1 份。

(二)纯度检验(蛋白质电泳法)

1. 溶液配制

(1)样品液提取

称取 18 g 尿素,加水溶解后加 12 mL 冰醋酸、4 mL 四甲基乙二胺,加水定容至 100 mL,转入试剂瓶并加入 0.05 g 甲基绿,4 ℃贮存备用。

(2)凝胶溶液

称取 50 g 丙烯酰胺、50 g 尿素、1.0 g N,N′-亚甲基双丙烯酰胺,加水溶解,加 15 mL 冰乙酸,再加 0.10 g 硫酸亚铁,4 ℃贮存备用。

(3)催化剂溶液

称取 1.75 g 过硫酸铵,加水溶解并定容至 50 mL,4 ℃贮存备用。

(4)电极缓冲液

量取 15 mL 冰乙酸,加水定容至 1 000 mL。

(5)染色液

称取 0.4 g 考马斯亮蓝 R250,用 25 mL 无水乙醇溶解,倒入染色盘,加入 50 ~ 60 g 三氯乙酸,加水 500 mL,摇匀。

2. 操作步骤

(1)蛋白质提取

从送验样品随机取 100 粒种子,重复 3 次,用单粒专用粉碎器将样品粉碎,将粉末置于 1.5 mL 离心管中,加提取液,料液比 1:1.5,涡旋混匀,浸提 30 min,8 000 r/m 离心 5 min,上清液即为蛋白质提取液。

(2)凝胶制备

取预先洗净晾干的玻璃板装入橡胶框,固定在电泳槽内。取 10 mL 凝胶溶液于烧杯中,加 1 滴催化剂溶液,迅速搅匀,沿高玻璃板外侧倒入底部,迅速轻轻振动电泳槽 2 次并放平,5 min 左右凝胶聚合。取 30 mL 凝胶溶液于烧杯中,加 2 滴催化剂溶液,迅速搅匀,将凝胶溶液倒满两玻璃板之间,迅速插入样品梳,待凝胶冷却凝固后垂直拔出梳子,用注射器吸净样品槽中的水分。

(3)点样

用微量移液器取离心后的样品上清液 30~40 μL 加入样品槽,每加 1 个样,用去离子水清洗移液器 2 次。

(4)电泳

加样完毕,加入电极缓冲液,注意上槽电极缓冲液面要没过矮玻璃板,下槽电极缓冲液面要高于铂金丝。将电源线正极接上槽,负极接下槽。接通电源,85 mA 稳流电泳,待甲基绿下移至胶底部边缘时,停止电泳。

(5)卸板、染色

将电极液倒出,卸下电泳槽,取出胶片,放置于染色液中染色 12 h 左右。

(6)观察鉴定

取出胶片,将胶片冲洗干净,在观片灯上进行观察,重点观察各泳道谱带的特征和一致性,鉴定蛋白质谱带。

(7)结果计算

根据电泳谱带结果计算供检样品粒数和非本品种粒数。

(三)净度分析

种子净度是指种子清洁、干净的程度,种子批或样品中正常种子占总质量(包含净种子、杂质和其他植物种子组分)的百分比。净度分析时将试验样品分为净种子、其他植物种子和杂质。种子净度分析主要是测定供检样品各组分的质量百分率,并据此推测种子批的组成,各组分含量的结果以质量百分比表示,各组分的比例总和必须为 1。按照玉米属净种子标准进行分析,净种子是指送检者所述的种,颖果和超过原来大小一半的破损颖果都属于净种子;其他作物种子是指净种子以外的任何作物种类的种子单位,包括杂草种子和异作物种子;杂质是指净种子和其他植物种子以外的成分。通过对玉米种子样品进行净度分析,了解玉米种子中具有种用价值种子的质量百分比,以及其他植物种子、杂质的种类和含量,为评价玉米种子质量和分级提供依据。

具体操作详见本书实训项目三。

(四)水分测定

种子水分即种子含水量,种子水分(%) = 种子烘干后的失重 × 100/烘干前种子质量。目前,常采用烘箱烘干减重法和电子水分速测仪法对玉米种子进行水分测定。烘干减重法精确度为 0.1%,用于水分测定称重的分析天平感量应达到 0.001 g。烘干减重法包括低恒温烘干法、高温烘干法和高水分预先烘干法。玉米种子含水量在 18% 以下时,常采用高恒温烘干法,将玉米种子样品放在 130 ~ 133 ℃ 的恒温烘箱内烘干 1 h,称重,计算种子水分。当玉米种子水分超过 18% 时,须磨碎种子,采用高水分预先烘干法进行水分测定。电子水分速测仪法测玉米种子水分可同时进行种子容重的测定。

具体操作详见本书实训项目五。

种子水分降到安全水分才能进行贮藏,否则水分过高,种子易变质。为了安全贮藏玉米种子,必须准确测定玉米种子含水量。

(五)发芽实验

为了检验种子批的种子质量,必须要进行发芽实验,估测玉米种子发芽潜力,评估是否进行田间播种,同时还可以进行不同种子批的质量比较。玉米种子发芽实验一般采用砂床发芽,将砂清洗干净,加水制成含水量适宜的湿砂,装入发芽盒底部,砂层厚约 2 ~ 4 cm。种子均匀播在发芽床上,种子之间间隔为种子大小的 1 ~ 5 倍,以防发霉种子相互感染和保持足够的生长空间,最后覆盖 1 ~ 2 cm 厚度的松散湿砂,以防翘根。一般 50 粒或 100 粒作为 1 个重复,重复 8 次。将种子放入恒温 25 ℃、20 ℃ 或 20 ~ 30 ℃(低温 16 h,高温 8 h)发芽箱内,4 d 初次计数(发芽势),7 d 末次计数(发芽率)。在种子发芽期间,注意监控管理,保持发芽条件稳定,尤其是要监控发芽温度,控制温度保持在所需温度 + 2 ℃ 范围内。同时注意观察是否有霉菌滋生,当发霉种子不超过 5% 时,及时取出种子洗涤去霉。若发霉种子超过 5% 时,则应更换发芽床,以免霉菌传开。发芽过程中应保持适当通风透气,种子发芽易受氧气不足影响而发芽不良,种子霉烂,必须记载并将其移除,以免影响其他种子发芽。发芽实验中应严格按照幼苗鉴定总则正确鉴定幼苗。计算玉米种子发芽率时,要注意正常幼苗和异常幼苗的正确区分,保证获得可靠的发芽实验结果。

五、注意事项

1. 纯度检验时每份样品质量最少 1 kg,所代表的种子批最大量不超过 4 000 kg,样本的基本信息必须掌握。

2. 采用电泳法进行测定,每个样品一般一组测定 100 粒种子,也可以减半,然后测量 2 组。

六、实训报告

按照 95 版《种子检验规程》填报种子检验报告单,见表 44 - 1。

表 44 - 1　种子检验报告单

送验单位		产地	
作物名称		代表数量	
品种名称			

净度分析	净种子/%	其他植物种子/%	杂质/%
	其他植物种子的种类及数目： 杂质的种类：		完全/有限/简化检验

发芽实验	正常幼苗/%	硬实/%	新鲜不发芽种子/%	不正常幼苗/%	死种子/%
	发芽床_____　温度_____　实验持续时间_____ 发芽前处理和方法_____				

纯度	实验室方法_____,品种纯度_____% 田间小区鉴定_____株数,本品种_____%异品种_____%
水分	水分_____%
其他测定项目	生活力_____% 质量(千粒)_____% 健康状况：

检验单位(盖章)：　　　　检验员(技术负责人)：　　　　复核员：

注意：

(1)若表 44 - 1 中某些项目没有测定,则在表内对应处填写"未检验"；

(2)若扦样是其他单位或个人进行的,应在表 44 - 1 内注明"只对送检样品负责"；

(3)若急须了解某一测定项目的结果,可签发临时结果报告单,并在最后完整结果报告单中注明；

(4)此表涂改无效。

七、思考题

1. 玉米种子净度分析和发芽实验应该注意些什么？

2. 水分测定需要注意哪些事项才能确保结果准确？

附　　录

附录一　课程须知

一、种子学实验课程目标和要求

通过种子学实验课程的学习,使学生加深对种子生物学及种子贮藏、加工、质量检验等基础理论的理解和认识。要求学生正确、熟练地掌握种子学实验技术和基本操作,熟悉所用仪器的原理,学会使用和维护。通过动手操作,学会主要农作物种子的形态构造观察、种子物理性的测定;能独立完成种子净度分析、水分测定、标准发芽实验、种子活力和生活力的检验项目及其数据处理和结果报告,为学生将来从事种子科学研究、种子检验和经营管理等工作奠定良好的专业技术基础。

二、种子学实验的教学要求

1. 课前预习环节

实验前学生必须认真阅读实验指导书,了解实验目的和要求,熟悉实验原理及操作步骤,掌握实验用有关仪器设备的使用方法及注意事项。

2. 课上操作训练环节

课上操作训练是学生实践能力培养的重要过程,学生一定要按照操作规程进行操作,熟悉操作流程和仪器设备的使用,仪器调试要细心,操作要平稳。对于实验过程中的现象、仪器仪表的读数变化要仔细观察,要在实验记录本上认真、细致地记录原始数据及有关实验现象,实验数据记录在相应表格内,并进行思考与分析。

3. 课后总结环节

实验后总结是以实验报告形式完成的。实验报告是一项技术文件,是学生用文字表达技术资料的一种训练,因此必须用准确的数字、规范的科学用语来书写。在报告中图表应清晰、层次应分明,为今后写好研究报告和科技论文打好基础。

实验报告内容可在预习报告的基础上完成,应避免单纯填写表格的方式,应由学生自行撰写成文。实验报告必须书写工整,内容全面,是考核学生成绩的重要依据。实验报告具体包括以下内容:

(1)实验目的

目的要明确,分清层次(了解、熟悉和掌握)。

(2)实验原理

原理要表述清晰,内容包括实验所遵循的基本原理、所用公式及计算方法等。

(3)实验材料、仪器设备及用具

实验所需材料、仪器设备及用具要全部列出,仪器要标明具体型号。

（4）操作步骤

根据自己的实际操作清晰写出多个步骤,语言准确,用专业术语,不可用口头语表达。不可完全照抄实验指导书,内容不能过于简略。

（5）注意事项

认真总结实验过程中实验者需要注意的问题。

（6）结果与分析

对实验记录的原始实验数据,进行详细分析,分析实验结论与理论数据是否相符,相符说明什么问题,有差距可能是什么原因引起的,再次实验应该注意哪些问题等。

（7）思考题

认真回答指定思考题。

实验报告模板

实验名称				
时间		同组人		
实验目的				
仪器、材料 试剂、用具				

实验原理：

操作步骤：

结果与分析：

思考题：

教师评语	

成绩　　　　　　　教师签字：　　　　　　　　　　　　　　　　　年　月　日

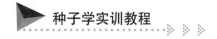

附录二 种子学实验课的评分原则

一、考勤(满分 10 分)

遵守实验教学和操作时间,完成全部实验任务,不得迟到或早退。

二、预习报告(满分 10 分)

预习报告完整、翔实,准确回答提问。报告内容包括实验目的、实验原理、实验材料、实验步骤及注意事项等。

三、实验操作(满分 45 分)

完成此项目全部实验操作,操作熟练,正确使用仪器并登记,认真完成记录,数据全面、合理、可信,着装规范,不做与课堂无关的事。

四、实验报告(满分 30 分)

实验报告内容完整,格式规范,字迹工整,实验结果与分析合理。

五、实验卫生(满分 5 分)

实验结束后实验仪器清洗合格,实验台面清理干净。

参 考 文 献

[1] 颜启传. 种子学[M]. 北京:中国农业出版社,2001.

[2] 颜启传. 种子检验原理和技术[M]. 杭州:浙江大学出版社,2001.

[3] 刘子凡. 种子学实验指南[M]. 北京:化学工业出版社,2010.

[4] 胡晋. 种子生物学[M]. 北京:高等教育出版社,2006.

[5] 胡晋. 种子学[M]. 2版. 北京:中国农业出版社,2014.

[6] 尹燕枰,董学会. 种子学实验技术[M]. 北京:中国农业出版社,2008.

[7] 王州飞. 种子加工贮藏与检验实验教程[M]. 北京:科学出版社,2019.

[8] 年伟,汪永华,邵源梅. 种子加工工序及其基本要求[J]. 农机化研究,2005(4):65-67.

[9] 李维明,陶学英,柴宗华,等. 盐溶蛋白电泳法鉴定玉米种子纯度应注意的问题[J]. 甘肃农业科技,2005(11):15-16.

[10] 孟超敏,郑跃进,姬俊华,等. 盐溶蛋白电泳检测玉米种子纯度的操作技术[J]. 安徽农业科学,2006,34(11):2344-2345.

[11] 胡晋. 种子生产学[M]. 北京:中国农业出版社,2009.

[12] 胡晋. 种子贮藏加工学[M]. 2版. 北京:中国农业大学出版社,2010.

[13] 张红生,胡晋. 种子学[M]. 北京:科学出版社,2010.

[14] 孙庆泉. 种子加工学[M]. 北京:中国科学技术出版社,2001.

[15] 杨晓威. 农作物种子的扦样程序及存在的问题[J]. 种子世界,2012(4):9.

[16] 赵力勤,郑金林,章秀女. 三久烘干机正确操作及注意事项[J]. 浙江农村机电,2000(1):8-9.

[17] 赵岩,潘晓琳,张艳红. 种子加工与贮藏技术[M]. 北京:中国农业大学出版社,2013.

[18] 冯俊良,戴剑,龚大龙. 种子水分测定的几点注意事项[J]. 中国种业,2004(7):42-43.

[19] 魏旭彤. 玉米种子活力影响因素研究[D]. 哈尔滨:东北农业大学,2018.

[20] 黄歆贤. ISSR和SSR标记在大豆、油菜、西瓜种子真实性和纯度鉴定中的比较[D]. 杭州:浙江大学,2011.

[21] 梁生江,任国玲. 杂交玉米制种田间检验方法[J]. 种子科技,2007(01):49-50.

[22] 刘红梅. 如何做好小麦种子田间检验工作[J]. 种子世界,2013(09):14-15.